U0055810

品牌創造

PRODUCT BRANDING

從概念設計到行銷宣傳，全方位打造熱銷品牌

村尾隆介——著　鍾嘉惠——譯

FIRSTLY 01

藉品牌打造 提升產品的好感度

寫給受命建立品牌而不知所措的你

「公司的命運全押在新推出的鯖魚罐頭上，我希望由你來負責建立品牌」。執筆之際，我腦中浮現有人接到上司如此任命而感到不知所措的畫面。不論是在哪個實務現場，「品牌打造」一詞愈來愈常出現。**然而一旦要由自己來做，卻不知該從何處下手……。本書的寫作就是希望在這樣的時刻能提供協助**，宛如有位品牌打造顧問時時陪伴著你。還有許多日本企業並未察覺品牌打造的本質和效果。因此，這時要盡早累積產品品牌打造的成功經驗，讓貴公司再添一項看家本領，才是最聰明的做法！一起來進行企畫並享受當中的樂趣吧！事不宜遲，請看旁邊那一頁的情況……。試著想像一下，若是你遇到這種情況該怎麼做比較好？要從何處著手，又該做到什麼程度呢？

產品品牌打造＝好感度&強烈印象

若要先概略說明產品品牌打造的含意，就是為你的產品加上好感度和強烈印象。超市的貨架上除了你們家的鯖魚罐頭，還排放著許多其他家的產品。要讓你家的鯖魚罐頭在那當中看起來很耀眼，帶有某種特別感，具有讓人覺得即使貴一點也「想嘗試看看」的魅力，而不是因為「便宜」才購買。換句話說就是要讓你家的鯖魚罐頭顯得**「較為高檔」。這就是品牌打造**。為此增強設計感、凸顯命名、講究陳列用的器具和POP廣告、讓網路上發布的訊息別出心裁，或是綜合這一切做法……。有很多可以做的事。不論怎麼做，就是要將你家產品的魅力展現到極致，這就是品牌打造。事實勝於雄辯。下一頁就讓各位看看成功建立品牌的鯖魚罐頭實例。

鯖魚罐頭的品牌打造就交給你了

FIRSTLY
02

建立品牌的產品擴散力驚人

岩手縣的鯖魚罐頭轉眼間便紅遍全國

也許你也曾在某處看過2013年岩手縣一間小工廠開始販售的這款鯖魚罐頭。一眨眼工夫便全國知名，平時自用或送禮皆大受歡迎。製造商是岩手罐頭株式會社，由一般社團法人東之食之會進行品牌打造，山形縣的AKAONI設計包裝。直接使用與鯖魚（Saba）日語讀音相近的法語「Ça va？（你好嗎？）」命名，色彩和設計則顛覆人們對鯖魚罐頭以往的常識。而且還有檸檬羅勒口味等，製造者樂在工作的情景可見一斑。**此項產品毫無疑問兼具強烈的印象和好感度——或是稱作「獨特性」。也就是說，它經過品牌打造。**實際上也可以看到它在任何商店都很醒目，而且銷路愈來愈廣。〈Ça va？〉是很好的例子，它為我們示範了品牌打造可以做什麼。

為產品建立品牌是要減輕銷售部隊的重擔

直至今日，〈Ça va？〉的累計銷售數量為600萬罐。以中小企業在短期間內所取得的成果來說，這數字令人不可思議。而這正是企業進行品牌打造能獲得的最大好處，就是「不用推銷也能吸引消費者購買」。若印象這麼強烈，媒體自然會報導。零售店的採購人員看到報導，肯定會紛紛來電洽詢。只要擺在店裡，這樣的設計一定會吸引顧客一人買好幾罐。「我自己的和……，還有那個人也要送」。接著換收到禮物的人在網路上發文：「我收到這樣的禮物」。幾乎每天都會接到口碑推薦和合作邀約。**成功建立品牌，產品自然會具備「引力」。而且那「引力」會讓跑業務變得很輕鬆。**品牌打造是為了什麼？就經營上來說，就是把要勻來做推銷的勞力降到最低限度。

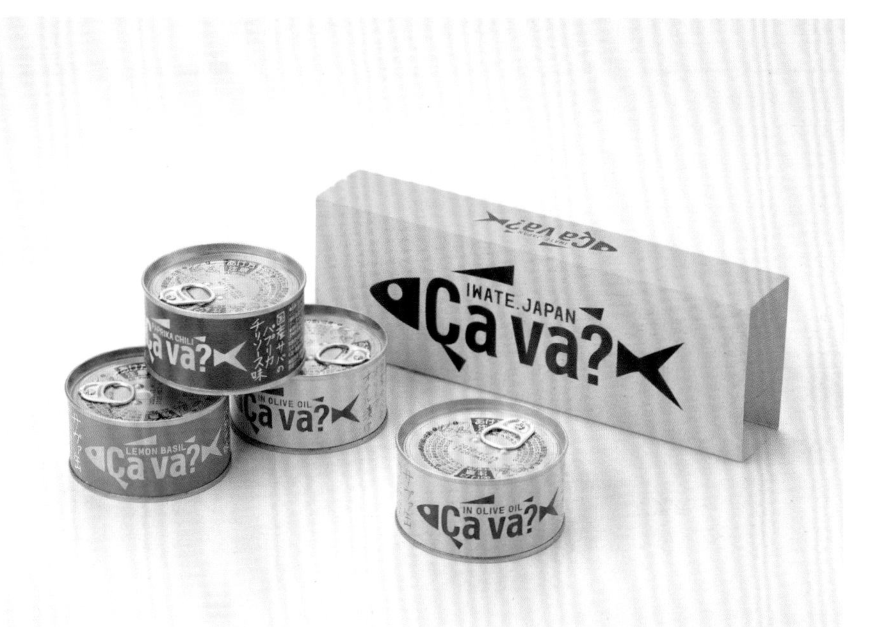
IWATE.JAPAN
Ça va?
PAPRIKA CHILI
Ça va?
国産サバのパプリカチリソース味
IN OLIVE OIL
Ça va?
LEMON BASIL
Ça va?
IN OLIVE OIL
Ça va?

PAPRIKA CHILI
Ça va?
LEMON BASIL
Ça va?
サヴァ缶

IWATE.JAPAN
Ça va?
オイル漬け
IN OLIVE OIL
Ça va?
サヴァ缶

FIRSTLY 03

產品品牌打造需要的10個時機

只要符合其中一項
就是品牌化的時機

我先以鯖魚罐頭為例簡單談了一下產品品牌打造的世界。我想再額外說明的是有關適合貴公司進行品牌打造的時機。今後不分公司內外，你對人講述「何謂品牌打造」的機會將逐漸增多。相信聽的人當中也會有人對品牌打造並不積極。因此**你最好先對一般企業會下定決心進行品牌打造的時機有所了解**。「看吧，其他公司都在這麼做」，這句話出乎意外地可起到說服作用。由於表單形式比較容易看清楚，所以我在右頁列出「常見的品牌打造時機」。要請各位注意的是，意圖「擺脫賤價銷售模式」而走上產品品牌打造這條路的公司，尤以中小企業居多這項事實。在展示方式和設計上用點心讓產品顯得更高價位，是品牌打造的拿手本事。

原本從事代工的製造業
靠自家品牌決一勝負的時代

關於企業下定決心打造產品品牌的時機，還有像這樣的情況……。比如幫人代工的承包工廠。產品出貨時都要印上其他公司的品牌名稱，不少中小型製造業對這種「良好關係」的前景感到不安。**在工作減少的情況下，代工企業自然而然走到以「自家品牌」一決勝負這一步**。然而這同樣令人擔心。必須從零開始建立銷售通路，卻沒有半個員工擁有豐富的銷售經驗……這樣的公司很多。於是，經營者在某處得知品牌打造的概念，認為「這正是我們需要的」而全心投入的代工型企業一直持續增加。不僅代工企業，長期代理銷售其他公司產品的大型「合作企業」也有相同的傾向。而**成功確立自家品牌，謳歌新時代之美好的案例多得是**。右頁就是其中一例。

產品品牌打造需要的10個時機

1. 擺脫賤價銷售，告別削價競爭時
2. 捨棄代工，要靠自家品牌決勝負時
3. 要讓進口原物料適應日本市場時
4. 要拓展商品的海外市場時
5. 想要提升設計性、增加時尚感時
6. 想讓產品轉型成為禮品時
7. 因媒體曝光使產品知名度上升時
8. 以知名原物料為重心強化徵才活動時
9. 培育女性支持率高的產品時
10. 擦亮產品魅力，使銷售更輕鬆時

成功確立自家品牌的例子

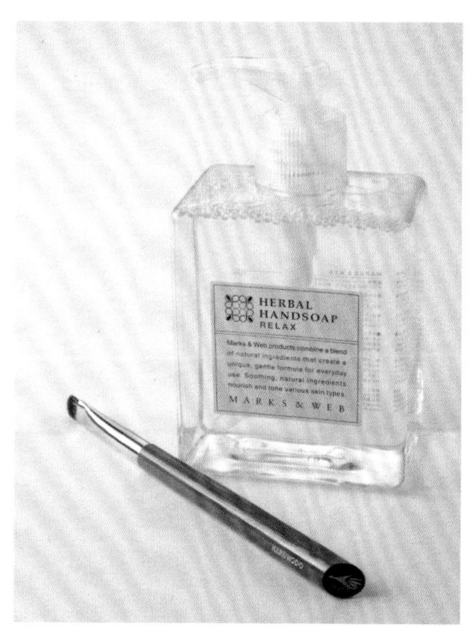

白鳳堂（HAKUHODO）的化妝刷具和MARKS&WEB的肥皂及洗髮精

在全球大受歡迎的內野（UCHINO）毛巾
許多人都指名「非UCHINO不可」

FIRSTLY 04

品牌＝獨創性 本書的編排也具獨創性

本書的內容和巧思 可能成為你的盟友的原因

包含設計、色彩、心理學和玩心等眾多元素的品牌打造，在無數的商業戰略中尤其愉快。因此**本書也很重視娛樂性**。字數略少，每一個項目在400字以內；左頁的標題一行不超過13個字。其理由會在第6章（第154頁）詳細說明。全書彩色印刷，色彩也是品牌打造一項重要因素，本書還會利用封面折口的部分做色彩的示範說明。插圖設計得很大，而且數量很多。還介紹要如何找到你需要的產品品牌打造專家的方法。

B2B、B2C及進口產品 都用得上的書

雖說「著手打造產品的品牌」，但讀者們所處的立場各種各樣。有些人是被指派負責為公司獨家開發的產品建立品牌。有的則是買進別人的產品再販售，但製造商對品牌打造漠不關心，以批發業或零售店的立場試圖建立品牌。這些商品有時候還會是進口產品。應該也有反過來為了進軍海外市場而打造品牌的。當然，B2B和B2C在品牌打造上的需求不太一樣。「不能擅自更改名稱和價格」或「因為是零件商，不需要包裝」等，也許本書所談的內容要重視的點也各異。這時就有本書所設計的角色出場。右頁下方偶爾會出現一頭袋鼠，給予讀者「B2B的話就要這樣思考」或「進口產品不妨這樣做」之類的提示。那些一定會成為各位應用本書時的線索。

本書編排上的特色&優點

仔細的
品牌個案研究

照片較大
大量的實例

如何找到品牌
需要的專家

這本書還有其他獨特之處

頁面下方的角色會補充說明

掃QR Code立刻跳到實例

照片和插圖尺寸大又漂亮

利用封面折口的部分做色彩示範

注重節律和娛樂性的文句

我就是會告訴各位「也許可以這樣思考」的角色袋鼠。偶爾會補充說明B2B和進口原物料的情況該如何思考。

FIRSTLY 05

請先認識品牌打造的種類

品牌打造的類型及其各自追求的目標

打造企業品牌（Corporate Branding）一如其名，任何人應該都想像得到，就是把整間公司塑造成一種品牌的意思。不同於此，本書則是**產品的品牌打造之書，講述把產品本身塑造成一種品牌的實用知識**。本書介紹的許多訣竅也能應用在把服務變成一種品牌的「打造服務品牌」上。還有一種類型是「打造個人品牌」，這是在強化個人……，例如社長或領導人，展現在外的樣子。在地方創生的時代裡，重新賦予一個地區價值也很重要。那就是打造地區品牌。若以國家為單位思考，就是打造國家品牌。如上所述，品牌化的種類繁多，其核心思想雖然相同，但要打造的對象不同，實用技巧上也多少有些差異。本書雖然談的是產品的品牌打造，但也稍微含括一點其他品牌打造的要素。

打造品牌就要像這樣觀察街頭

任何人都很有可能在職業生涯中的某個時刻被委以打造品牌的重任。可是一到關鍵時刻卻不知該從何處著手，姑且找書來看、參加講座……。然而最重要的學習其實來自街頭。大街上放眼望去，必定會看到被稱為「品牌」的出色產品。比方說〈紅牛〉和〈力保美達D〉。內容物大同小異，但形象、消費客群及廣告手法都截然不同。可是兩者卻能共存於便利超商之類的商店裡。我覺得這時能不向外尋求答案，自己思索兩種品牌的差異和共存的原因並建立假設的人，將會是「打造品牌的高手」。**「從街頭學習，再套用於自家公司」，這是精通品牌打造之道的捷徑**。讓我們從今天起進一步張開敏銳的觸角吧！

品牌打造的種類

打造企業品牌

強化公司本身的社會形象。對人才招聘等會起很大的作用

打造個人品牌

扭轉個人的形象或提升形象的策略

打造產品品牌

讓產品顯得更有價值（多數情況），企圖擺脫賤價銷售

打造地區品牌

提高市町村、觀光景點、產地、商店街等的知名度

打造服務品牌

把服務當作商品，讓它顯得更有價值

打造國家品牌

為了讓世界知道國家的存在或認識其強項

從充斥街頭的品牌中學習

+ CONTENTS +

品牌創造：從概念設計到行銷宣傳，全方位打造熱銷品牌

前言 | FIRSTLY

GENERALLY 序章 | 著手打造品牌前的基礎知識

STRATEGY

第 1 章

品牌打造的準備工作之建構產品概念

STRATEGY

第 2 章

品牌打造的準備工作之創建人物誌

STRATEGY

第 3 章

品牌打造的準備工作之創造新品類

STRATEGY

第 4 章 作為品牌打造一環的命名&廣告詞

STRATEGY

第 5 章 作為品牌打造一環的用色和設計

STRATEGY 第6章 作為品牌打造一環的包裝&印刷品

STRATEGY 第7章 作為品牌打造一環的網站&SNS上的訊息發布

STRATEGY 第8章 作為品牌打造一環的廣告、宣傳活動&話題製造

STRATEGY 第9章 作為品牌打造一環的展示器具、POP廣告及促銷品

STRATEGY
第 10 章
作為品牌打造一環的推銷、配銷&網路販售

STRATEGY

第11章 作為品牌打造一環的團隊建立和制服

STRATEGY

第12章 作為品牌打造一環的地區發展和產品展覽會的參展

STRATEGY
第 13 章

作為品牌打造一環的進軍海外和公司的未來

STRATEGY
終　章

各章共同指出的其實就是「接觸點」

結語 | BRANDING MESSAGE

日文版STAFF

內文設計・DTP ■ 初見弘一（T. F. H）
內文插畫 ■ 遠藤大輔
內文照片 ■ 相澤涼太・清水博考・奧田哲也・原三由紀・村尾隆介 及其他
各種設計 ■ 毛利祐規・前原正広・後藤薰 及其他
WEB相關設計 ■ 平泉優加
協力 ■ 萩原珠・第一學院高等學校的學生們

GENERALLY

序　章

著手打造品牌前的
基礎知識

For Better Branding

GENERALLY 01

作為品牌打造的負責人 不出醜的基礎知識

第一步先回答：何謂品牌打造？

這會兒如果有國中生問你：「什麼是品牌打造？」你要怎麼回答？在進入正題之前，一起來學點品牌打造的基礎知識吧。計畫建立品牌的過程中，需要和公司內外的許多人不斷會商討論，直到產品推出上市為止。**在那種場合，具備品牌打造的基礎知識絕對比沒有好**。我想應該有許多朋友已聽過，不過還是一起跟著運用本書架構所繪製出的圖解，再看一次品牌打造的基礎知識吧。話說「BRAND（品牌）」一詞原本指的是家畜身上的烙印。有種說法指BRAND是從表示燃燒、燒焦之意的「BURN」的被動式「BURNT」變化而來……。而這個BRAND加上現在進行式的「ING」便是BRANDING。這是要讓單純的產品升格到成為「品牌」的行為，故稱「品牌打造（品牌化）」。

既然有識別標誌（LOGO）就非得是○○不可

那麼，烙印是如何發展成今日的品牌呢？請試著想像其演進過程：當初對家畜烙印原本是為了分辨家畜的所有者。然而隨著時間過去，那記號發展成代表肉品品質和特徵的印記。「我的豬有這個烙印，油脂鮮甜，跟其他豬肉是不同檔次」，就像這樣，**原本代表所有權的烙印不久便在競爭中變成代表自家肉品特徵或與其他產品差異的印記**。可想而知，賣家一旦將這樣的差異公告周知，就得時時維持品質，好讓識別標誌名副其實，否則會失去信譽。特徵、差異、差異化、維持品質和信譽……這些就相當接近現在品牌的概念。這些關鍵詞應該也和你腦中想像得到的品牌定義重疊。

品牌的詞源是
為了識別牲畜
所留下的烙印

那記號（烙印）
不久變成代表品質或
與其他產品不同的印記

那識別標誌（記號）
和對品質的信任
一旦在社會上擴散……

品牌於焉誕生！

識別標誌本身不重要，重要的是世人知道有識別標誌即代表品質有保障，或與其他產品不同。

GENERALLY 02

品牌是誕生在人腦中的產物

賣方和世人根據LOGO共有產品的特徵

一項產品單靠賣方一廂情願地大聲疾呼：「我們的產品與別人的不同，有特色，有做到與其他公司產品的差異化」，並不會晉升為品牌。買方是否也認識到那項產品的特色和差異，並廣泛地被大眾認知才是重點。而且，其品質是否得到世人信賴至關重要。**當買賣雙方都順利地發送和接收到產品特色和差異之類的訊息時，這項產品才達到「品牌」的境地。**更具體地說，顧客要能夠只看到LOGO就告訴朋友：「有這個標誌的豬肉非常棒！油脂十分鮮甜」才是貨真價實的品牌。許多企業將品牌打造解釋為設計LOGO。設計師中也有不少人這樣認為。這些都是誤解。**附上LOGO的意義和世界觀為世人所知，那項產品才升格成為品牌。**

品牌意謂著賣方對買方的「承諾」

「有這個標誌的豬肉就表示……」，人盡皆知LOGO所具有的意義對賣方來說是件可喜的事，同時也是件可怕的事。那標誌代表的意義……，也就是說，顧客是因為對產品的特色和差異抱有期待才會購買、向別人推薦或是當禮物送人，因此賣方必須堅守品質才行。銷路和產能規模不大時沒問題，但比方說，請試著想像這款豬肉的評價上升，訂單持續增加，有關人員、中間經手人員、遠端的銷售據點、分公司不斷增多的狀態。儘管生意再怎麼擴大，賣方一旦不能維持顧客所期待的特色和差異就會失去信譽。換句話說，**賣方等於是向買方，也就是顧客做了「承諾」。「品牌即是承諾」**。這是商學院等地方所教導的品牌的定義，這樣一解釋便能理解得更加深入。

認識

你有吃過這標誌的豬肉嗎？
與其他的完全不同喔！

口碑

這個牌子的豬肉很好吃。
要不要試試看！

由賣方來
維持品質

顧客對我們有期待……。
今後也要繼續滿足顧客的期待才行！

品牌即是承諾（賣方對買方）

說得深奧一點，品牌並不是透過設計做出來的東西，而是在人的腦中生成的東西。

GENERALLY 03

品牌打造是一種溝通活動

烙印以外還需要無數的溝通

從家畜談起的品牌打造基礎知識。由於年代久遠，所以提到了家畜（豬肉）、烙印（識別記號）、世人的評價（口碑），真的很單純。如果當時賣方還有其他傳遞產品訊息的手段，大概就是再加上海報、招牌、報紙廣告之類的吧。可是現代社會中賣方的宣傳手段遠為複雜得多。網站、電子雜誌、部落格、各種社群網站（SNS）⋯⋯；雜誌、小冊子、機上雜誌、免費報紙⋯⋯；電視、廣播、店面展示⋯⋯。賣方和買方之間的接點多到不勝枚舉。我把其他可以想到的工具一併大致列出來（見右頁）。換句話說，這些接點其實就是企業所做的與顧客之間的溝通。**透過這樣的溝通讓人們了解產品，並將它認知為一種品牌。**

傳達產品不同之處的綜合性溝通活動

換言之，從不同的角度來看，品牌打造即是企業的綜合性溝通活動。這次本書要談的是產品的品牌打造，若說得更詳細一點，即「**賣方將產品的特色和不同之處全面地傳達給買方的溝通活動**」。右頁的清單就是這溝通活動的詳細內容。我想這份清單會因為你的公司是B2B或B2C，以及是採購產品還是進口產品而有不同。不論如何，這裡要先掌握兩個重點。一是，品牌打造其實就是高明的溝通活動。另一點是前面已提過，同時也是第一個重點的延伸，**品牌打造絕不是一般人所以為的，只是打造LOGO、改善設計而已。**

賣方所做的各種溝通（產品給予世人印象的接點）

銷售現場

- □陳列
- □展示器具
- □POP廣告（含立架）
- □海報和摺頁
- □廣告詞
- □銷售人員和接待客人
- □制服
- □販售點和公司本身

……及其他

網路方面

- □網站首頁（HP）
- □SNS（SNS的種類）
- □HP、SNS上的照片和文章
- □HP、SNS的更新頻率
- □簡訊客服
- □上傳和回信的時段
- □網路廣告
- □URL和e-mail位址

……及其他

媒體方面

- □以報導形式登上雜誌、報紙版面
- □電視、廣播等的介紹
- □登廣告的場所、媒體
- □幫忙推薦的人（名人）
- □產品使用者的SNS
- □使用者的產品短評
- □網路上的廣告和報導
- □部落格和SNS的頁首

……及其他

印刷品等

- □手冊、摺頁
- □海報、傳單
- □產品的包裝
- □公司用車的設計
- □店面的POP等
- □名片和信封等
- □推銷時的簡報資料
- □印刷品的紙質和色調

……及其他

有關人的方面

- □電話應對
- □簡訊應對
- □工作人員的裝扮、外表
- □工作人員的舉止態度
- □工作人員的措詞
- □發布訊息時的遣詞用字
- □廣告和印刷品中的模特兒
- □產品的使用者自身

……及其他

其他

- □公司用車的設計
- □公司、工廠的所在地
- □網站等處社長的話
- □產品的主色調、用色
- □產品的LOGO和命名
- □產品的故事
- □各種協力廠商
- □廣告贈品類

……及其他

賣方和買方的接點叫「接觸點（contact point）」。本書的主題就在於接觸點。

GENERALLY 04

產品品牌打造不可或缺的是一貫性

與市場行銷的差異是必被問到的問題

品牌打造和市場行銷有何不同？市場行銷的所有活動都是「對外」。企業對顧客或對市場所採取的行動，目的是為了賣出更多產品。反觀品牌打造，確實有一半和市場行銷無異。但不同的是，品牌打造的世界裡有所謂的「內部品牌打造」。一如字面的意思，就是「對內打造品牌」。也就是說，**對公司內部、協力廠商、參與銷售的人員施以教育等的對內行動占了品牌打造的一半**。不斷地讓所有參與其中的團隊成員理解「我們的價值為何？」、「我們和其他公司有何不同？」、「因此應當有何作為？」的就是品牌打造。**市場行銷是100%對外的行動。品牌打造則是50%對外，50%對內。**

銷售人員、參與銷售的人員需具備的「適稱性」

前面提到「品牌打造也會對內採取行動」，比方說，由一位有點過胖的人販賣瘦身產品，你覺得對顧客會有說服力嗎？相反的，如果想要幫美味的可樂餅建立品牌，不覺得稍微豐腴的工作人員，要比體型纖細、感覺平常不太愛吃油炸食物的人，更適合擔任要傳達可樂餅魅力的銷售員嗎？這些雖然是較為極端的例子，但在產品品牌打造的世界確實要像這樣注意到銷售人員、參與人員的適稱性問題。**徹底注意那名工作人員的待客方式、談吐和制服，讓他能反映出品牌的「樣子」**。過程中或許會有人反彈：「規定得太細」、「我沒辦法穿這種制服」。而說明那件事為什麼重要？做到這麼徹底，在前方等著你的會是怎樣的風景？正是內部品牌打造要做的事。

打造含銷售人員在內、一貫的產品形象

網站、POP廣告、傳單、手冊再加上銷售人員，以一貫的形象進行溝通，這就是品牌。

只要有一個環節與產品不相稱、不符合形象，產品的品牌打造就不算完成。

B2B也是同樣的情形。以學校為對象推銷教材的人連問早道好都不會的話，產品的形象也會很差。品牌不算打造完成。

GENERALLY 05

打造品牌過程感到迷惘？立刻回到這裡！

進行品牌打造的好處是？？？

序章也近尾聲，產品品牌打造的旅程即將展開。但畢竟是集眾人之力進行的計畫，今後應該會不時因為遇上阻礙、熱情減退、不曾有的狀況連續發生，使團隊內一再出現「到底品牌打造是為了什麼」的疑惑。屆時希望你能想起**自家公司可獲得的好處，如右頁。在產品品牌打造的旅途中感到迷惘時，與團隊成員共享**，並成為你繼續前進的動力泉源。視公司的情況而定，也可以委託廣告公司進行品牌打造。不過那樣的話，「產品品牌打造」就不會成為一門技術留在自己的公司裡。即使要與廣告公司合作，我認為重點在於**你或你的公司也要盡量握有主導權或承擔較多的任務**。

與你一同前進的計畫團隊是？

一個人從頭到尾獨力完成產品品牌打造任務的情況很罕見。雖然也要視你販售的產品而定，但你為了打造品牌需要從公司內外召集的計畫成員大略如右頁。不一定要在計畫開始前找齊所有成員，邊進行邊找人也無妨。我想對多數公司來說，這些專業人士都是要對外召集的外部成員，不過最好再另外組一個以你為中心的「內部品牌打造小組」。公司內部的品牌打造小組負責指揮外部人員、協調公司內部和種種有助於留下經驗知識的工作。人數在10人以下，不過也要看公司的規模；年輕人和女性若占多數，氣氛就會很熱絡。**這兩支公司內外的團隊就是與你一同進行品牌化計畫的夥伴。**

打造產品的品牌會獲得的好處

Merit 1
有過打造產品品牌的經驗後，可以把那經驗也用於公司本身的品牌打造

Merit 4
不降價而提高價值的態度在公司內扎根，向擺脫賤價銷售的目標更近一步

Merit 2
把已建立品牌的產品當作重心，或者公司本身成為一種品牌，可強化人才招聘活動

Merit 5
若能成功建立品牌就不用那麼辛苦地推銷。創造不推銷也獲得購買的狀態

Merit 3
品牌打造為年輕世代和女性較容易大展身手的領域。將帶動公司內部的活化

Merit 6
擅長品牌打造的企業在日本的中小企業中屬於少數。只要成功即可指導別人

等等

由公司內外的人員組成的品牌打造團隊

- □ 創意總監
- □ 美術設計師
- □ 網站設計師
- □ 插畫家
- □ 攝影師
- □ 印刷廠
- □ 文案撰寫員
- □ 作家
- □ 專利師、律師
- □ 進軍海外市場的顧問
- □ 品牌戰略顧問
- □ 視覺行銷專家……等等

GENERALLY
06 將產品的價值提高到極致！

大眾不知道就不會購買

小心不要流於「為品牌打造而品牌打造」。品牌打造是一種商業戰略。如果不能為公司的營業額做出貢獻，便成了只是花錢把產品變好看、CP值很低的行為。**產品滯銷、顧客有減少趨勢的公司有個很單純的共同點，就是「那項產品沒有廣為人知」**。顧客不知道便無從購買，所以要讓產品引人注目！產品品牌打造就是要為產品增添在市場上的存在感。然而，偶爾會看到「想建立品牌，卻不想引起注意」這種令人猜不透的公司。品牌打造是要讓產品不用推銷也賣得出去，但一開始推銷時的努力很重要。有助於將來產品能自動賣出的打底工作必不可少。其基本態度就是大膽吸引人的注目。

此計畫的第一步是概念

那麼，一起踏出第一步吧！用不著擔心，產品品牌打造只要切實掌握一件事便沒問題。那就是**「產品的概念」**。產品概念明確的話，就會比較容易決定名稱，也方便設計師提出包裝和LOGO的設計案。團隊也更容易想出各式各樣的點子。相信網站的整體感覺也會一下子定調，腦中並會湧現對銷售通路的想像。**你想做的事愈清楚明確，你的團隊便愈好採取行動**。沒錯，產品概念幾乎等同於你想做的事。右頁是一般所說的潔面濕紙巾，其涼感比其他競爭產品強烈，能消除駕駛人的睡意。因此這項產品主要擺在高速公路休息站等處的商店裡販售，在駕駛人之間粉絲急遽增加。假使你以這樣突出的熱門產品為目標，那建立明確的產品概念便是首要之務。

就因爲突出，那產品才會成爲品牌

產品概念＝專為駕駛人設計的提神潔面濕紙巾

清涼感大勝舊式濕紙巾	混合咖啡因，聚焦在提神醒腦上	為工作上時常要開車的人貢獻一份心力	也希望對考生等的讀書學習有所幫助

等等

產品概念和目標客群明確的話

↓

比較容易決定
命名、包裝設計、銷售通路

「炯炯有神君」自銷售以來大受歡迎。目前正以相同的品牌名稱和設計，橫向發展毛巾、糖果等產品。

STRATEGY

第 1 章

品牌打造的準備工作之
建構產品概念

For Better Branding

STRATEGY 01

時時以產品概念為本 沒有它一切白搭

用一句話表現產品概念 為首要之務

產品的品牌打造之路，第一步就是要建構產品概念。我先把第1章最終想達致的成果告訴各位。那就是「用一句話說明你的產品概念」。《星際大戰》電影雖然現在有那麼多的續集，但在開始拍攝第一部之前，喬治·盧卡斯可是吃足苦頭。據他說，在成功爭取到拍攝前，沒人願意正眼瞧一下企畫。有一次，當時好萊塢一位大人物問他：「說到底，（企畫的）概念是什麼？用一句話說給我聽。」喬治·盧卡斯很明確地回答說：「這是一部太空武士片。」因為這句話奏了效，星際大戰才能成功開拍。自1970年代至今，「星際大戰」這個品牌持續風靡全世界的男女老少。而這則小故事就是許多趣聞軼事的開端。

別想得太複雜， 用簡單的一句話

說是「用一句話表現產品概念」，但我想應該很難想像。因此首先要為各位示範完成時的樣子，我試著用一句話表現假想中的產品概念，並一一列在右頁。其中有些句子非常普通是吧？由於不一定要標新立異，先努力做到「用一句話如實表達你的產品」的目標吧！若行有餘力，之後也許可以讓措辭稍微委婉，或者增添點獨特感也不錯。這時與其皺眉苦思，還不如開心去做！不妨找間咖啡館或酒吧，在情緒容易高漲的歡快氣氛中，三五個人一起進行討論，不要一個人獨自默默思索。這種時候絕對不可否定別人。要尊重彼此的意見，讓談話順暢進行下去。

用一句話表現概念的範例集

Concept 1
部長級人士
通勤用背包

Concept 2
可以學會
正確踢法的
足球

Concept 3
左撇子廚師
專用磨泥板

Concept 4
新世代嚮往的
酷帥工作服

Concept 5
全球首創！
指紋認證式
腳踏車鎖

Concept 6
與日式料理
也很對味的
番茄醬

Concept 7
前所未見的
漂亮羊羹

Concept 8
適合「新手」的
簡易保險櫃

Concept 9
專為外國遊客設計的
英文標式護身符

Concept 10
女性專用
睡眠中同時保濕的
枕頭

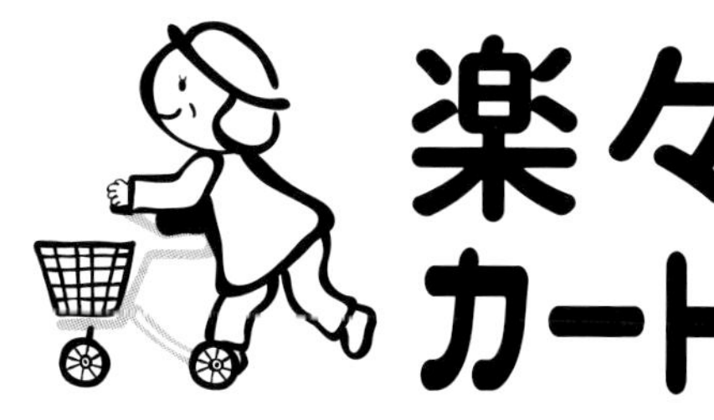

※樂樂推車
購物兼復健
ショッピングリハビリ®

上述的樂樂推車是誕生自鳥取縣的熱門產品。其概念為「可以倚著它輕鬆購物的推車」。

STRATEGY 02

表現產品概念盡可能要注意的事

好的「一句概念」要通過「3次測試」

該說是銘記在心？還是刻印在腦中？容易在公司內外傳播的一句概念通常具有以下的特徵。首先是可以像繞口令那樣說3次。所以，**在商品的一句概念最終拍板定案前務必念3遍！**沒辦法念3遍就表示句子太長。設法簡短一點吧。如果念起來很順，接下來再試著像唱饒舌歌一樣唱3遍。若能唱得很溜，表示節奏感也十足。假使不行，這時就要微調。再將助詞、介詞或措辭精練一下。根據我長年擔任品牌戰略顧問的經驗，**會受人喜愛、傳播開來，且能凝聚團隊向心力的「一句概念」，常常符合這「2個3」。**因此，雖非必要條件，但表達出你的產品概念的一句話最好也要通過這項測試。

很酷的「一句概念」混合了對立的語詞

再介紹一個在思考「一句概念」時，非必要但有會比較好的思維。右頁列出的一句概念是前一小節示範的升級版。乍看似乎沒有不同，不過這些都是**「用一組對立的語詞構成」。對立語詞一旦並存在一個短句中，看到和聽到的人會「嗯？」地愣住，這邊的愣住是正面的意思。**然後會在腦中想一下，因而能留下記憶。最重要的是，那樣的句子會變得很俏皮。比方說，「為銀髮族設計的機器人型掃地機」，這樣的產品概念並沒有不好，不過很普通……。若要改成刻意摻雜對立語詞的形式，我舉個例子，可以用這樣的方式表現：「適合和室用的機器人型掃地機」。和室和機器人是對立的概念。可是想像兩者同處一室的情景，便不由得感到期待。我一直認為，以令人感到期待的一句話為重心推動工作前進，參與其中的所有人做起事來才會更加輕快。

好的產品概念通用要點

試著用繞口令的方式
把選定的「一句概念」
念3遍

過關的話，接下來是……

像唱饒舌歌那樣唱3遍。
唱得成便沒問題！

以一組對立的語詞構成的句子範例

可以逃跑的
睡衣

不必藏起來的
藥箱

搖滾式的
寵物用品

老店製作的
米果進化版

STRATEGY 03

單靠概念也能贏得「讚！」

概念中希望要有「前所未有感」

當你把產品概念傳達給公司內部、協力廠商等的相關人士，若能得到對方「從來沒見過這個！」的反應，那麼之後的品牌打造也會很愉快。雖然似乎也會聽到有人說「這時代已產品出盡」，但正如我在序章最後給大家看的潔面濕紙巾的例子，**只要將現有產品的角度略作調整，前所未有的產品概念其實出乎意料地容易誕生**。舉個例子，市面上有許多兒童用餐具，漂亮的餐具也不少。可是，使用環保材質、重視食育而且漂亮的兒童用餐具，也許就會是前所未有的產品概念。實際上〈iiwan〉便是基於這樣的構想製造出的產品。稍後再給大家看實體的照片（見第141頁）。這是過去以生產汽車金屬模具為主的愛知縣〈豐榮〉公司力圖擺脫承包商角色的自創品牌。

鎖定目標客群可催生出前所未有的產品？

繼續來談會激發你的靈感，想出讓人驚呼「從來沒見過耶！」**的產品概念的線索。這回是「試著鎖定目標客群」**。例如：滅火器。若把你希望購買這產品的客群放進產品概念裡，就會寫出這樣的「一句概念」。「唯一會讓獨居女性想擺在家裡的滅火器」、「子女會想送給遠方父母的滅火器」。假使用這種方式構思你正在進行品牌打造的產品概念，最後會讓人驚呼「從來沒見過耶」，那不妨一試。目標客群不一定要是人物，也可以從場所或家庭收入的角度思考，如「會成為辦公室內裝飾的滅火器」、「專為富裕人士設計的滅火器」等，「方便外國遊客辨識的滅火器」也可以。假使你在構思產品概念時遇到瓶頸，或是想讓「一句概念」更加精練，不妨也試著採納這樣的思考方式。

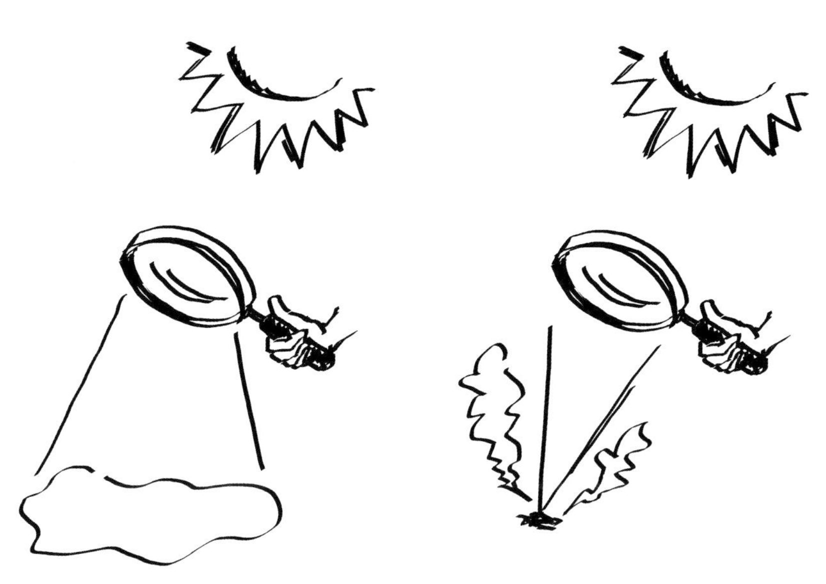

愈縮小產品概念的範圍，
愈容易激發靈感

常見的
傳統型滅火器

一堆競爭對手
||
削價競爭

專為獨居女性設計的
滅火器

沒有競爭對手
||
知名度和價格都容易上升

STRATEGY 04

既是賣方就要設法解決困擾

想不出概念？再次仔細查明所有困擾

倘若在建構產品概念的階段陷入苦戰，**就徹底清查和你的產品有關的「顧客的困擾」**。你正在進行品牌打造的產品（假設是瑜伽墊）隨著練瑜伽的人口增加，色彩變得豐富多樣，價位也由高到低任君挑選。感覺顧客對瑜伽墊似乎沒什麼困擾。可是比方說，由於常常要自己家→公司→瑜伽教室這樣帶來帶去，所以一定會聽到這樣的心聲：「好想要更輕、更可愛的瑜伽墊」。另外，也常聽到家裡經常鋪著瑜伽墊的人反映：「貓會用爪子抓瑜伽墊，這是沒辦法的事。可是很怕貓把碎屑吃進肚裡。要是有用無害的材質製造、不怕誤食的瑜伽墊⋯⋯」之類的。**若能收集到這樣的心聲進行產品開發，自然會建構出「前所未有的產品概念」**。顧客的不滿意、抱怨、不安多得是。

所有商業行為都應當解決困擾

我不知道你這次進行品牌打造的對象是全新開發的產品，還是要解決既有產品的銷售困境，抑或是採購或進口的產品。不過，**所有商業行為理當是為了解決顧客或社會的困擾**，而作為解決困擾的回報就是交易金額，這也是商業行為的基礎。假如好不容易投入成本為產品建立品牌，市場上卻沒有需求的話，要打開銷路必然會很辛苦。不但如此，還要重新思考「解決困擾」這件事。你的產品能解決顧客或社會的困擾嗎？⋯⋯這樣說往往會聯想到與家事有關的創意產品、把海水淡化成飲用水這種大事，但**其實解決單純的小困擾就夠了**。喜歡更時髦一點的、想要親子一起共用、希望降低女性購買門檻、希望能融入室內擺設⋯⋯。解決顧客這等程度的困擾即可。

既有產品必定也有令人困擾或不滿之處

難道不能
設計得更好嗎？

吸力減弱了……

設計感出眾、
吸力長久不衰的吸塵器登場

STRATEGY

第 2 章

品牌打造的準備工作之
創建人物誌

For Better Branding

STRATEGY 01

建構概念的同時也徹底了解顧客

建立人物誌會更容易打造品牌

為了讓產品品牌打造做得更好，讓我們再看一章事前準備的部分。就是日後將為品牌打造發揮打底作用的「人物誌設定」。人物誌指的是對可能購買你正試圖建立品牌的產品的「顧客描述」。像右頁那樣以條列方式描述你假想的一名顧客，並加上照片，最後做成海報，這就是本章的終點。常聽到的目標客群通常只是粗略地描述：「此產品的顧客是25～29歲的女性」。還有一種對顧客的描述比目標客群更為詳細的概念叫做「分眾」。日語譯作「顧客屬性」，但仍然很粗糙：「此產品的顧客是25～29歲、育有一子、夫妻都上班的女性」。相對於此，人物誌即使舉例也很明確，頗有狂熱粉絲的味道。不過，有了它，今後的品牌化計畫就會輕鬆許多。

只需回答這些問題，一眨眼的工夫就完成人物誌

懇請各位別害怕建立人物誌。你只要根據想像回答以下關於假想中「那一位顧客」的問題，即可輕而易舉地完成像右頁那樣的條列式海報。這位顧客住在哪裡？那是獨門獨院的房子嗎？是租的嗎？和誰同住？有養寵物嗎？從事什麼工作？通勤方式是？年收入大約多少？開什麼樣的車子？假日會做什麼？最近熱中什麼事？如何利用智慧型手機？主要透過什麼方式收集資訊？從哪裡、如何得知你的產品？打算怎麼購買？大致就像這種感覺。假使你想要建立品牌的產品已上市銷售，以實際存在且符合你假想的顧客為藍本建立人物誌也是一個辦法。最後一邊調整遣詞用字一邊逐條寫下，然後做成海報。同時別忘了附上符合人物描述的照片和虛構的名字！

爲番茄汁打造品牌所建立的人物誌

CHARITEENS

by 第一学院高等学校

假想的單一顧客圖像（人物誌）

佐川千果（33）

- 擔任流行情報雜誌編輯的職業女性
- 年收入 550 萬，辦公室在飯田橋附近
- 對有機和簡樸生活感興趣
- 在那一類的市場會忍不住購買產品
- 無法戒掉喝酒和葷食，在夾縫間掙扎
- 滿常一個人以便利超商的食物果腹
- 故對黑烏龍等抵銷類產品成癮
- 喜歡的蔬菜是番茄，外食是義大利菜

- 租屋住在代代木；室內裝潢為北歐風
- 對汽車沒興趣，以電車和計程車代步
- 買了時髦腳踏車⇒現在是室內擺飾兼晒衣架
- 逃避運動，想要不費力地維持健康和美麗

- 原本身材就好，所以穿著有型好看
- 巧妙穿搭國內品牌，配色重視季節感
- 穿著褲裝走起路來，十足職業女性的模樣
- 國內旅遊會走訪結緣或能量景點（山陰）
- 大約每兩年會去一次台灣或韓國旅行

- 因為工作，資訊來源幾乎全是雜誌且都會過目
- 另外就是 IG。自己不會在 SNS 上發文

- 山梨縣出身，大學就來到東京（明治大學）
- 在東京的活動範圍自學生時代起便以新宿為主
- 至今依然對青山和麻布很有距離感
- 因為可愛的姪子最近也開始關心教育
- 也會想結婚，但並不著急

這是上品牌打造課的高中生所建立的人物誌。目標客群明確的話，品牌打造就會很輕鬆。

STRATEGY 02

活用人物誌 精準打造品牌

品牌打造高手會靈活運用人物誌

被稱為品牌的產品都經過精雕細琢。其原型是人物誌。產品便在靈活運用人物誌，**徹底以取悅「一位假想顧客」的態度進行品牌打造中**，逐漸被打磨拋光。如果是「專為20多歲的女性……」這種粗糙的品牌打造，就結果來看，產品的樣貌也會很模糊。那麼，該如何活用人物誌呢？第一步就是貼在會議室裡。然後在討論、做決定什麼事時，請以人物誌所描述的人物會不會高興來決定。今後在公司外與設計師、印刷相關人員這類協力廠商會商時也要準備**A4尺寸的人物誌，邊確認人物誌上的描述邊主導討論，務必使全體當事者朝同一個方向前進**。如此根據人物誌所決定的名稱、包裝、廣告和SNS的發文，會遠比在沒有人物誌之下所做的決定精采得多。

目標客群不只一個時怎麼辦？

「說要假想『一位顧客』，可是我們的產品一直是以多個不同的客群為目標……」。相信不少人在讀建立人物誌這段時心裡會這樣想。假使你設定數個不同的客群為目標，那麼各個客群都要選定「一位顧客」製作「人物誌」的海報。**一個人物誌一張海報最理想。不過，鎖定其中一個作為主要的人物誌進行品牌打造**，一定會讓你的產品更為突出。你希望什麼人在怎樣的時候購買？希望擺在什麼地區、怎樣的店裡？弄清楚這幾點是產品品牌打造的終點之一。而人物誌就是為了釐清這些部分而存在。所以即使你的產品有多種人物誌也不要將它們全部並列，否則便本末倒置……。

經過精雕細琢的品牌通常很重視人物誌

凡事依人物誌設定的人物會不會喜歡做決定，就能塑造成優良品牌的產品……。

不選定目標客群的人物誌就會依社長或主管的喜好決定。

這樣的話不會成為品牌！

有品牌之稱的產品始終如一。產品概念和人物誌確定的話，自然不易搖擺。

STRATEGY 03

更高階的人物誌設定和B2B時要注意的事

是做B2B的生意嗎？那就建立這樣的人物誌

如果是從事批發或B2B的買賣，最好把以客戶公司、店家的採購人員為對象的人物誌，和終端用戶的人物誌都做成海報。右頁是經營建築材料進口和批發的〈Material World〉創業當初製作的人物誌。對〈Material World〉來說，直接客戶是不動產開發商的採購部門。這時會接觸到的是女性採購人員，且多數打扮入時，有如置身時裝業界。因此他們選定這樣的女性建立人物誌做成海報，張貼在自家公司的會議室，並設計洽商時會受對方青睞的型錄，和徹底改善業務員去談生意時的服裝。另外也建立將終端用戶，也就是開發中的大樓設為目標客群的人物誌，與採購人員會商時也帶著一起去，使雙方能朝著同一個方向努力。結果非常成功。現在是業界公認具有自己風格的品牌。

也要徹底想像假想顧客的隨身物品

本章的最後，我要建議各位「列出你的目標顧客隨身攜帶的物品」。與人物誌分開來另外製作海報會比較好。把雜誌的照片剪下，或將網路上找到的圖片印出，貼在一張大紙上，以大而化之的剪貼簿形式，隨便貼即可。這時我們的目的是什麼？舉個例子，假設你正在為糖果或飲料打造品牌。顧客購買後很可能把產品放進自己的提包。儘管會遇到這樣的場面，但身為賣方的我們卻不知道顧客「平時使用什麼包包」，這可不妙。不了解目標顧客的品味就設計外包裝，豈有此理。**在品牌打造的世界裡，要看著「人物誌的隨身物品剪貼簿」，不斷會商討論「與顧客的包包相稱的外包裝設計是……」。**品牌打造之神藏在細節裡，因此這是不可或缺的作業。

B2B？那就建立客戶採購人員的人物誌！

的人物誌

住吉 SAYURI（35）

- ●建商／在建築設計事務所擔任主任級職務
- ●精品店店員般的外貌，喜愛雜貨
- ●喜歡泡咖啡館，代官山、青山、橫濱為出沒地區
- ●生活以工作為重心，每天加班到很晚。常去便利超商覓食
- ●超過半數的購物都是透過網路。也不再去卡拉 OK
- ●對汽車沒興趣，但若要買車可能會選 MINI 或 FIAT……
- ●主要興趣是室內裝飾和房子。最近開始上紅酒課
- ●年收入 600 萬圓，對生活很滿意。正在考慮投資房地產
- ●喜歡時髦和美的事物，對衣著不太整潔的歐吉桑很沒輒
- ●與貓咪一起生活……

人物誌的深挖是創意的泉源

藉由了解目標顧客，包括其隨身物品和行動，因而誕生的產品

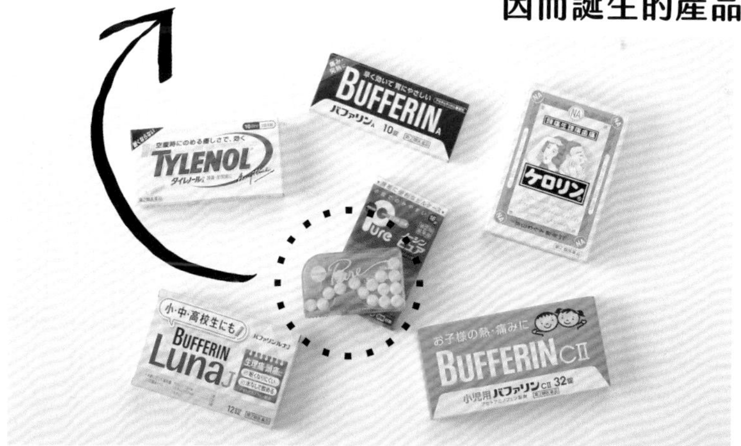

STRATEGY

第 3 章

品牌打造的準備工作之
創造新品類

For Better Branding

STRATEGY 01

成功建立品牌的關鍵在新品類

讓你的產品稱得上是新品類

說到相機的腳架，黑色是公定色。假使你今後推出「彩色腳架」，說不定會在市場上得到第1章談產品概念時出現多次的「從來沒見過耶！」的反應。開頭所舉的實例中，鯖魚罐頭是前所未有的時尚包裝，〈炯炯有神君〉也是潔面濕紙巾界的新類型。在品牌打造的世界，前所未有的產品叫「新品類」，意思與「新類型」相同。而且**在產品品牌打造上，產品再怎麼小都沒關係，重點是你的產品要稱得上「已建立新品類」**。假如你的產品已建立了什麼新品類，在跟風的產品出現前，都會是那個小圈子獨一無二、NO.1的產品。日本最高的山是富士山，可是沒有人說得出第2高的山是哪一座。建立品牌就是要成為它所屬圈子——即便那圈子很小——的第1名，這對在市場占有一席之地至關重要。

第3名最好，偷偷溜進新品類！

「哪有可能建立新品類」、「產品品牌打造一定要想得這麼複雜嗎？」有這種感覺的朋友，我教各位一招祕訣。那就是「模仿已建立新品類的產品」。剛才我用富士山作比喻說道：「人們只會記得一個品類中的第1名」，但**在實際的商場上，只要排在前3名就沒問題**。想到「今天晚上叫披薩吃」的人，據說腦中會剎時浮現3種品牌——〈Pizza-La〉、〈必勝客〉、〈達美樂〉，然後從3家中挑選一家訂披薩。換句話說，**你的產品知名度只要進入各產品品類的前3名，生意上就沒問題**。不是全國規模而是地區性的前3名也可以，因此也取決於你的產品和所處商圈，要以什麼排進前3名就看你如何理解這項產品。

由宅配披薩發展出的新品類

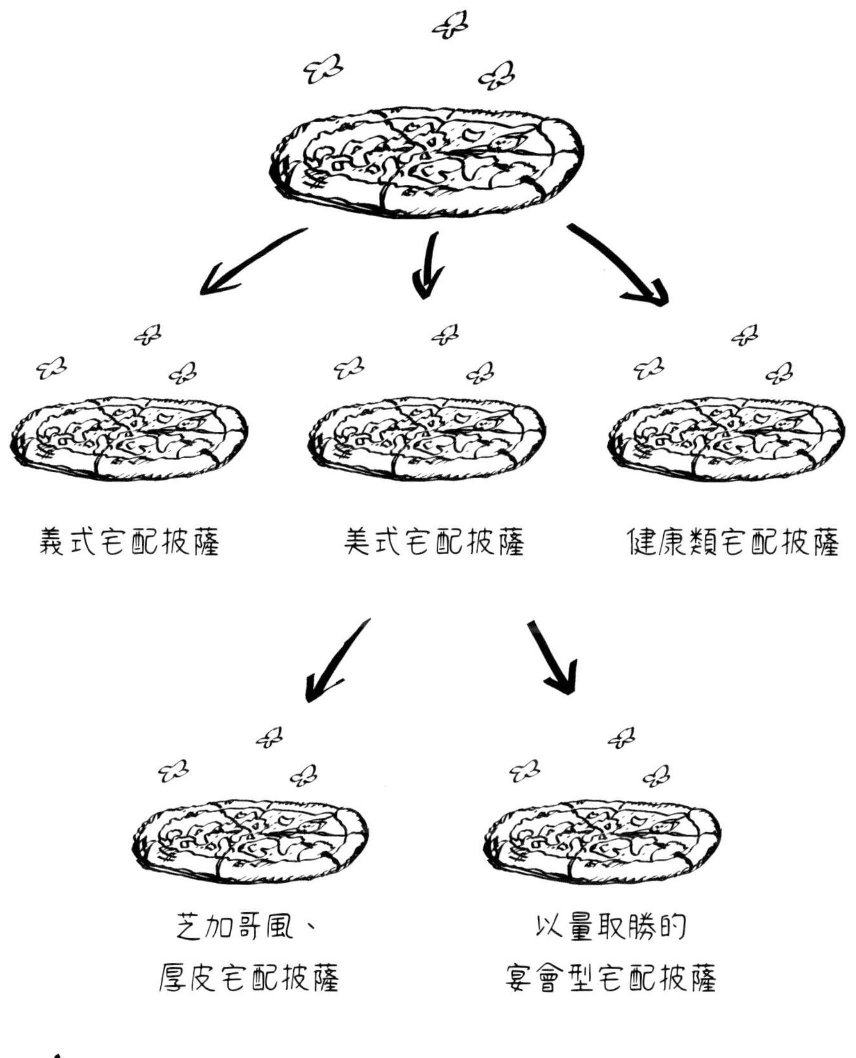

任何產品稍微改變角度都能創造出新品類。假使成功，便是新品類的NO.1。堂堂晉升為品牌！

STRATEGY 02

要對團隊和協力廠商出示的定位圖

在銷售或公司內部簡報上要秀出定位圖

為何不能落在第3名以後？用分布圖來看便比較容易理解。右頁的圖稱為「定位圖」。企畫過程中在對公司內、外說明產品內容時，因為會讓人看起來很專業，建議各位可以採用。在縱軸、橫軸的兩端放上文字，然後用點代表競合產品讓它分布在圖上。圖上同一個區塊的產品愈多，即是競爭愈激烈的證據。有的被湮沒，有的被迫削價競爭。假如你的產品在圖上排名第4名，便有如菜鳥新兵特地趕赴激戰區一般。若要順利進行產品品牌打造就要避開戰場。以經營的角度來說，就是要找出一般所謂的「藍海」──沒有競爭或是競爭少的區域，而不是血流遍野的「紅海」。這與新品類的建構要談的是同一件事。兩者的本質都是「創造不必競爭的產品」。

品牌的確立＝定位的確立

品牌化的世界裡經常使用「插旗」一詞。也會聽到「作為產品，占有一定的位置」這樣的說法。為何會有這樣的描述呢？只要了解定位圖的概念便一目了然。同時，這些遣詞用語正說明了一件事實：產品的品牌打造不僅是設計和包裝的美醜這一類外觀的部分，還必須包含與產品有關的經營上、策略上的構想。是的，產品品牌打造指的不只是設計，還要讓產品在市場上占有一席之地。因此，在對公司內、外做產品簡報時，務必出示定位圖，強而有力地說明「我想讓我們的產品取得這樣的位置」、「敝公司的產品決定在這裡插旗」。力道愈猛，品牌打造愈會往好的方向發展。

有機毛巾品牌的定位

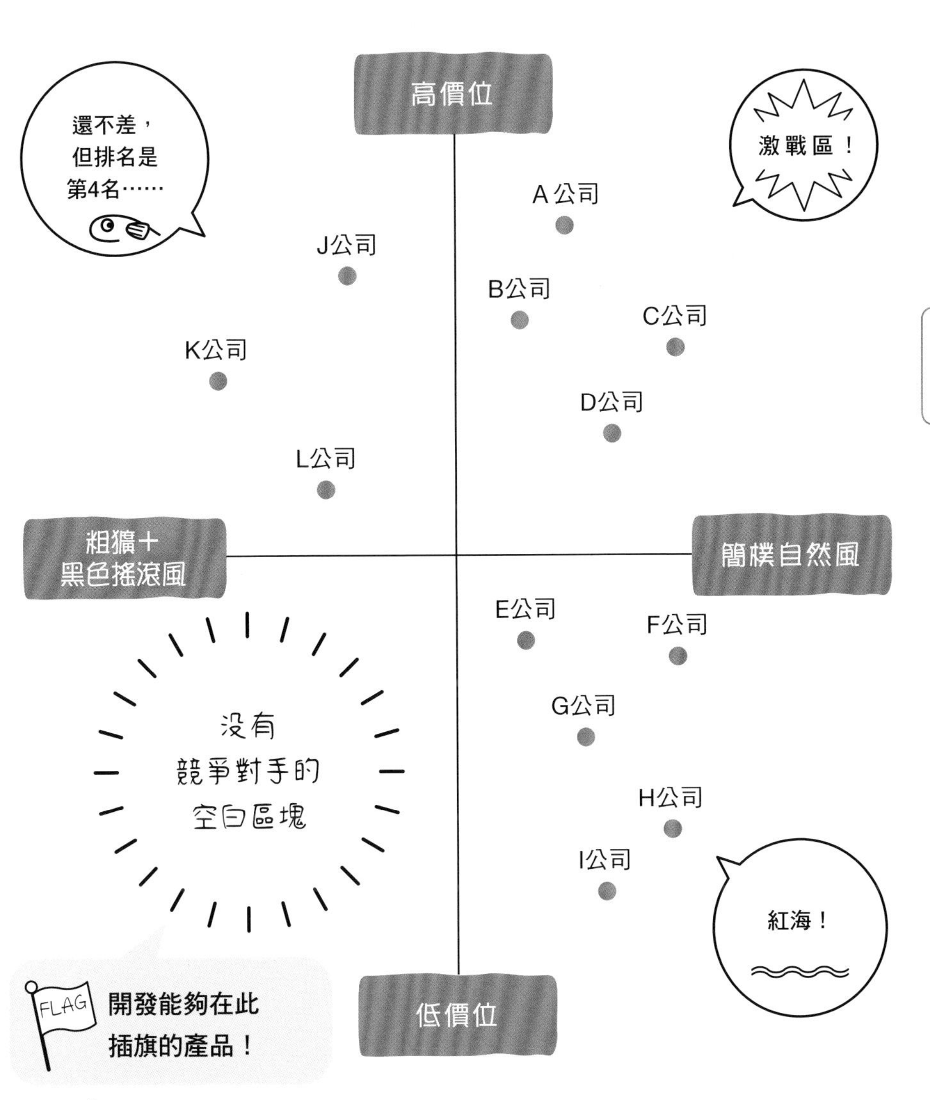

定位圖是在對公司內、外說明產品的品牌戰略時很有效的工具。有機會的話不妨試用看看！

STRATEGY 03

準備齊全就徹底體現在設計上

劈頭就從設計切入，品牌打造會失敗

說實在，若要提高這本書的娛樂性，一開始就牢牢地吸引住讀者的話，從產品包裝設計、別出新裁的廣告這一類華麗吸睛的部分談起可能會好得多。可是，我要再次重申，品牌戰略不僅是設計。說得更白一點，**就順序上，從設計做起就是錯的**。首先要決定產品的概念，並用一句話來表現。然後，不能只是很粗略地描述會購買那項產品的對象，而是要以人物誌的形式，做成海報讓所有團隊成員都了解。照著能被稱為新品類的方向，透過定位圖再次確認產品概念的優越性，同時了解競合關係和競爭對手數量。**做完這些部分才著手設計、命名等一般為人所知的「外表的品牌打造」，我覺得就商業的角度，這麼做顯然比較明智。**

地基不穩的房子就算牆壁粉刷再美也白搭

用蓋房子來比喻的話，只有設計做得很好的品牌打造，很接近為地基不穩的房子粉刷屋頂、換新壁紙的行為。整理得再怎麼美觀，房子依然搖搖晃晃……也許早晚會倒塌。在此之前的努力，**「產品的一句概念」、「一位假想顧客的人物誌」、「做成稱得上新品類的產品」這類的構思，即相當於產品品牌打造的根基部分。如果這些部分很穩固，之後的粉刷牆壁、更新屋頂都不會有問題。**拜堅固的基礎所賜，我想那些光輝耀眼的部分會變得更加美麗。第1章～第3章我介紹了「為使產品品牌打造做得更好當有的準備工作」，非常感謝各位的閱讀。接下來將是更好玩的如何表現的部分。休息一會兒再一起看下去吧！

著手設計前要鞏固「產品的根基」

產品概念和人物誌（對一位假想顧客的描述）等尚未確定便直接動手設計，與為一棟地基不穩的房子更新屋頂、粉刷牆壁是同樣的行為。即使改善了外觀，到頭來還是搖搖欲墜的房子。

徹底打好產品開發的基礎——概念和人物誌，之後再考慮設計才是明智的做法。「有助於體現這概念的設計是……」、「那樣的人物會喜歡的設計是……」，時時以倒推方式琢磨設計上的構想，就是品牌打造。

STRATEGY

第 4 章

作為品牌打造一環的命名&廣告詞

For Better Branding

STRATEGY 01

要從零開始打造品牌？卯足全力命名吧！

公司在命名上可做的努力

決定產品的命名有各種方式。以對內公開募集為例，不由有限的團隊成員決定，自公開募集時起便將所有公司員工捲入一起參與命名。視產品的性質而定，或許也可以鎖定公司內部的女性員工，或28歲返鄉就業的員工公開募集。如果是對外公開募集，就要加些創意，想辦法讓它變成網路上的傳聞或地方新聞。舉個例子，「媽媽和小孩一組動腦想名字」，這樣公開募集一定會在媽媽社群間成為話題。若是70週年的紀念產品，向70歲以上的朋友徵求命名也有可能成為新聞。假使要請專家命名，那就要找廣告文案寫手或品牌戰略的顧問。請作家或專門寫文章的人操刀也會很有意思。也可以利用〈Lancers〉那樣的群眾外包網站舉辦命名競賽，數週內散布全國各地的眾多專家就會將自己的命名案傳上網。

若不能變更產品名稱就以通用名稱為目標!?

正在為進口或採購進來的產品進行品牌打造的朋友，也許無法擅自變更產品名稱……。不過本章除了命名之外，還會談到廣告詞和品牌主張等與命名相關的內容，請參考那部分。另外，我要離題一下，在此想當作品牌打造知識向大家介紹的一個詞是「通用名稱」。即原本是單一企業所取的產品名稱，但因為消費者支持度高或知名度的關係，後來升格為該產品所屬品類整體的代名詞。比方說，〈OK繃〉原本是嬌生公司生產的絆創膏的產品名稱。可是現在它已成了代表所有絆創膏的通用名稱。切到手時，人們會很自然地問：「有OK繃嗎？」讓我們用「把自家公司的產品名變成通用名稱」的氣勢進行品牌打造吧！〈Walkman〉也同樣屬於這一類。以前本來叫「隨身聽」，後來全部改稱「Walkman」。

決定產品命名的各種方法

- □ 對內公開募集（也可附帶幾歲以下／以上、部門、性別等條件）
- □ 對外公開募集（以提供新聞或話題的形式增添獨特性）
- □ 對地區內兒童公開募集（同時也是教育活動和話題）
- □ 經過篩選將命名案減少到一定程度後，由公司內部或公開票選
- □ 透過群眾外包平台在網路上辦徵名比賽
- □ 委託職業撰稿者、廣告文案寫手、作家等專業的文字創作者
- □ 交由品牌打造的專業顧問、創作者負責……等等

日本的群眾外包平台有CrowdWorks和Lancers。不妨掃右側QR Code一窺究竟。

CrowdWorks

Lancers

希望能誕生出
像這樣
優秀的命名！

STRATEGY 02

名要副其實 將概念反映在產品名稱上

讓公司的方針 反映在命名上就是現在

第2章介紹的建築材料進口和批發業者〈Material World〉，以往向來是用產品編號稱呼自家經營的所有產品，從某一天之後才開始為產品取名字。這家公司以自世界各地搜羅好玩有趣的建築材料為使命。因此他們將全球所有城市名稱編入自家販售的產品名中。是與那項產品的形象相近的土地名稱。右頁是〈Material World〉所經營的產品一覽。**一旦像這樣以公司一貫的原則為產品命名，在為新產品取名字時就會很輕鬆。**不但客戶會期待，在網站或手冊上一字排開時也很美觀，會給人經過品牌打造的印象。福岡農機具製造商筑水CANYCOM也以趣味橫生的命名著稱。如〈靜香三輪驅動車〉或〈正雄除草機〉[1]等，可以看出他們自己樂在其中，又能為公司製造粉絲。

好的命名是 產品概念的體現

在現今資訊氾濫的時代裡，顧客不太會相信企業發送的訊息。所以在命名上我建議要做到「名副其實」。若要就近舉例，就舉小林製藥的產品為例。〈退熱貼〉和〈後腳跟去角質保濕霜〉等的命名便一貫地表現出實體。**好的命名不需要廣告詞。假使真的沒辦法，**這年頭用冗長的文字介紹產品或傳達其特性也不會有人肯耐心閱讀。**為了把文字減到最少，最理想的就是「名稱即表達出產品概念」。**上一頁刊載的食品〈Gupita（ぐーぴたっ[2]）〉的名稱就很棒，職業女性覺得肚子餓時，吃了它即可避免肚子咕嚕咕嚕叫在辦公室裡出醜。〈行走地球的方式〉也不錯。兩者能夠長銷且持續保有品牌地位的主要原因之一，就在於命名。為產品取個讓看到的人覺得「很享受工作」的名稱吧！

1　此兩款農機具是以福島縣出身的知名歌手和演員工藤靜香、草刈正雄命名。
2　命名由來為讓肚子咕嚕聲（ぐー）突然（ぴたっ）停止。

Material World的命名實例

Indigo United 1969

California Basic 75

Texas Rock'n Wall

Toscana Way

Marrakesh Labyrinth

Monochrome Hollywood

用「尋找好的命名」的角度在東急手創館或超市繞一圈，肯定會有所啟發。

STRATEGY 03

若概念很難表現，用意象風也OK！

把使用產品的感覺與印象吻合的聲音放入名稱

本書中已出場多次的〈炯炯有神君〉（第33頁）。假使你聽過類似的名稱，應該是〈嘎哩嘎哩君〉。赤城乳業的嘎哩嘎哩君堪稱是國民食品的品牌。那命名正是其口感的寫照，完全符合嚼起來那絕妙的狀況。我接下來要提出的就是**著重聲音表現的命名法**。這聲音不限於使用產品時的感覺。若要再舉一個同樣是冷凍商品的例子，那就是〈Häagen-Dazs〉。其格調和歐洲皇家的氣息在冰品界格外醒目。可是那名稱沒有任何意義（笑）。既不是德國和瑞士一帶盛行酪農業地區的名字，也不是創業者的姓氏。雖然很像姓氏……。換句話說，它也是**對聲音經過一番考究的命名，目的是要讓人感覺有點特別**。產品配上使用時的聲音，或聽起來讓人覺得「了不起」的名稱。你的產品也不妨試試看。

以完全吻合產品形象的地點命名

聽到地名時，我們的腦中會有對該地方的既定印象。比方說，我們對北海道有著田園牧歌式的印象，乳牛加上穀倉的風景浮現在眼前。因此，乳製品的名稱加上「北海道」，如北海道乳酪、北海道奶油等，立刻增添超值感。舉個例子，即使總公司或製造據點不在神戶，烘焙店的店名只要加入「神戶」兩字，便感覺很美味，店鋪的價值也跟著提升。三菱電機的冷氣機〈霧峰〉也不是在長野縣的霧峰生產製造的。但拜命名之賜，吹送出的空氣散發清淨之感。取名「曼哈頓○○」的話，可頓時為產品營造出「冷酷」的效果。若取作「布魯克林○○」，那產品就會給人復古帥氣的印象。視產品而定，要小心有些產品會有偽裝之虞，但**利用土地具有的意象來命名確實值得考慮**。

利用聲音和土地具有的意象所做的命名

以坐落於奧利岡州波特蘭市般的
建築設計見長的
大廈品牌

STRATEGY 04

瞬間的衝擊和印象差一點便大不同

比較長但會引人上勾的命名

一般認為短一點的命名比較好，但也可以反向思考，考慮「較長但會令人掛記的名稱」。我們這會兒在研究的是品牌戰略。既然是「戰略」，就要做和別人不一樣的事。採用和其他產品相同的思維稱不上是戰略。比方說，如果要為自己有信心的咖哩麵包建立品牌，那就取個〈做夢會夢到的咖哩麵包〉或〈店長不顧一切烘焙的咖哩麵包〉這樣長的名字。在店裡看到的人肯定會很想嘗嘗看它的味道，儘管不一定記得住名字……。實際上，在店面看到右頁的〈NATORI的零食系列〉而忍不住購買的朋友應該不少。〈小弘想出的牙膏（ヒロシ君が考えたはみがき粉）〉也是，很多購買的人心裡都在納悶「小弘是誰呀？」；〈花費100小時的燉菜（100時間かけたシチュー）〉這名字也好極了。實際上我在撰寫本書期間也在便利商店一時衝動買了〈偶爾來點不一樣的柿子種・虜〉。如果覺得和你的產品很對味，務必試試看！

平假名、片假名、英文、漢字比重均衡

選定了名稱，接著還要煩惱日語獨有的「標記問題」。漢字、平假名、片假名，三者混用。英文則是大寫、小寫，兩者混用。再加上也可以日、英語混用，所以更是傷神。其標記方式會改變產品給人的印象。舉右頁的幼兒用餐具〈iiwan〉為例。即使敲定了名稱，標記方面還有這麼多選項。在決定如何標記時，考量易讀性當然也很重要。但還得考慮「那位假想顧客（人物誌）」會喜歡哪一種標記，哪一種標記會讓顧客有購買的喜悅。結果就選擇了〈iiwan〉，決定之後，印刷品等上頭就要固定採用這種標記方式。如果每次標記都不一樣，產品在社會上就不會有固定的形象。不過，作為搜尋引擎最佳化（SEO）的對策，我是贊成偶爾改變標記方式讓它透過網路散布出去，或當作支援不知道念法的顧客。

比較長但令人好奇的出色命名

敲定名稱後要決定正式的標記法

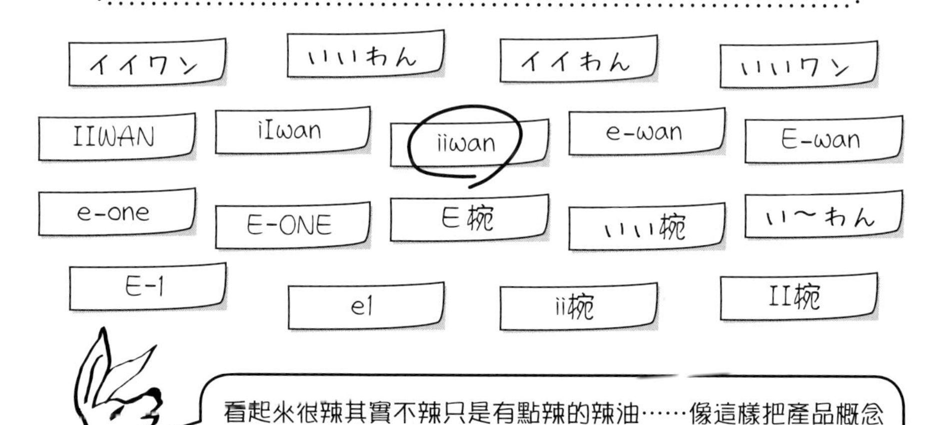

STRATEGY 05

這時代資訊氾濫，所以要省去「記憶」的麻煩

中小企業的基本做法就是咖啡牛奶法則

人們聽到「咖啡牛奶」，很容易就能想像它是由咖啡和牛奶混合成的飲品。在所有人每天都被大量資訊轟炸的現在，中小企業要讓顧客記住全新創造的詞彙很困難。因為中小企業的廣告費和媒體曝光機會比大企業來得少。因此我要提出的命名方式為「咖啡牛奶」法則。**就是把眾所周知的語詞和日常常用的語詞組合成產品名稱這種簡單的做法。**舉一個明白易懂的例子，裝在「杯」裡的「麵條」就是〈杯麵〉。再舉一個例子的話，讓阻塞的「水管」「暢通」即〈水管通〉。前文提到（第47頁）的番茄汁是由岡山縣的高中生做的計畫，其收益全部捐贈新興國家供作教育之用。由於是青少年（Teen）們想出的慈善計畫（Charity），所以叫〈CHARITEENS〉。

連難懂、難念的名稱也是過了喉嚨便是最強

我在店裡想喝杯罕見的日本酒，結果最後點的還是「念得出的品牌」。因為在一桌朋友面前念錯自己不認識的日本酒品牌會很丟臉……。但要是在某個機緣下得知那個品牌的念法，情況便完全改變。不只想點那個品牌的酒，還會顯出很得意的樣子，聲量也會有點提高。這是進階的技巧，**即故意為產品取個難念的名字。不過只要知道怎麼念就會忍不住想告訴別人，也有這種相中口耳傳播效果**的命名法。這樣的命名多半是含有數字或符號、像暗號似的名稱。比如既是帽子精品店，同時也有許多自創產品的〈CA4LA〉。因為是販售戴在頭上的物品，所以叫「Kashira[1]」。事實上，全世界每天不斷誕生的網路服務、App等，近來就有許多這一類的命名，明明是英文，但連英語圈人士也「念不出來」而歪著頭納悶。

1 CA4LA的念法與日語「頭」的發音Kashira相同。

B2B產品多半以產品編號稱呼。但如果有產品名稱，工作起來肯定更愉快。用暱稱也不錯！

STRATEGY
06
優秀的命名雖不需要廣告詞……

品牌打造上品牌主張和LOGO是一組的

下一章要開始設計產品LOGO，這裡我要稍微談一下最好和LOGO配成一組的「品牌打造的零件」──「品牌主張」。**產品LOGO的前後左右大多都有一行標語式的文字**，右頁虛構的產品LOGO中也可以看到。**我們稱它為「品牌主張（Tagline）」**。「tag」有「附上」的意思，「line」可譯作「一行字」。所以Tagline就是「產品LOGO上附加的一行字」。不過「tag」還有一個更廣的含意，那就是「世人和產品的關聯」。**比如，聽到或看到「唯一一台吸力不變的吸塵器」這品牌主張的人，馬上就會聯想到「戴森（Dyson）」**。這是Dyson**已成功利用這短短一行字將自己的特色與世人「標註在一起」的明證**。Dyson是家擅長品牌打造的公司。你也要為自己的產品附上品牌主張！

品牌主張和廣告詞的差異

「品牌主張和廣告詞哪裡不一樣？」讓我們一面看右頁一面回答這個問題。廣告詞是以「賣得更好」為目的，會被用在產品的傳單、海報、POP廣告和活動等上頭。用廣告詞讓顧客大吃一驚、停下腳步、拿起產品……總之目的就是要引起購買。**一項產品可以設計多個廣告詞，依不同的時期、時機、地區更換也沒關係。但相反的，品牌主張只能有一個，而且不能頻頻更換**。如前文所述，要讓你的產品在顧客的腦中與品牌主張「標註在一起」需要一定的時間。因此頻繁地更換品牌主張並非上策。不過因為競合關係確實會變動，當你要調整整體戰略或試圖改變形象等的時候，是可以同時更換品牌主張。

產品概念、品牌主張、廣告詞

產品概念

假設有一項產品的概念是「專為獨居女性設計的滅火器」。

該產品的海報在此！

產品的廣告詞

讓看到的人眼睛一亮，
促使他決定購買的一行字

品牌主張

產品LOGO下方的
一句話

STRATEGY 07

如何設計和活用品牌主張

品牌主張是如何設計出來的？

最後要談如何設計產品的品牌主張。品牌主張與第1章不斷在談的「產品的一句概念」很類似。假使直接把第1章設計出的一句概念和你的產品LOGO配在一起感覺沒問題的話，也可以就這樣挪用。要是配在一起感覺很怪，那就精簡用字或修改措辭，讓它適合產品LOGO吧。對了，第38頁介紹的「三次測試」也適用於品牌主張的設定。也可以不管產品的一句概念，從頭開始重新設計品牌主張。只要最終**能用那一行字把世人和產品「標註在一起」就行了**。說得更白一點，這充其量只是品牌打造的選配部分，若覺得麻煩不做也無妨。**完成時盡可能搭配LOGO一起使用。那樣會更快讓產品的品牌主張標註在世人心中。**

產品名稱被人忘記也能利用品牌主張搜尋!?

各位有過這樣的經驗嗎？在街上看過那廣告……；對那產品很感興趣，但不記得名稱……。整體來說，記憶比較鮮明的是印在產品LOGO下方那一排字。儘管那記憶也很模糊，但試著用那句話（也就是品牌主張）在網路上搜尋，確實找到了自己一直在找的產品……。因為工作的關係，我經常利用網路搜尋產品，幾乎每天都會遇到這樣的狀況。但我覺得這樣非常好。因為要是那產品沒有品牌主張我可能就找不到，況且如果我是潛在顧客還會關係到商機。也就是說，**在網路購物為主流的時代，品牌主張尤其能發揮功效**。在大企業讓藝人在電視廣告上反覆唱誦產品名稱的現代，中小企業要讓社會大眾記住產品名稱事實上極為困難。「時時搭配品牌主張一起出現」是一種安全網。

產品LOGO和品牌主張搭配實例

bon.

おしょうさんのためのカジュアル服

※僧人穿的便服

ラミールC
ホワイト

エステ発「プロ仕様の白」

※發自美容院「專業標準的白」

前文談到「要讓產品占有一席之地」。以在市場上豎立旗幟的感覺設計品牌主張，也是不錯的構想。

STRATEGY
08

廣告詞要以單一顧客為對象設計

不要做出與你的產品不相稱的廣告詞

談完品牌主張接著要談廣告詞。廣告詞本來就是一門深奧的學問，幾乎可以單獨寫一本書，但因為是品牌打造上的廣告詞，**我想強調的是「只設計與你的產品風格相稱的廣告詞」**。比方說，假設你販售的是價位稍微偏高的飾品。請想像由於你對品牌打造的全心投入和不懈努力，因而做到任何人都能從包裝和廣告冊中感受到其高雅格調的程度。不料在最後一個環節，門市員工竟然擅自製作店面海報，海報還放上「讓明亮動人的妳更加耀眼!!!!!」的廣告詞，並在句尾加上5個驚嘆號。這下子不僅糟蹋了好不容易建立起的品牌形象，還使產品看起來廉價且不雅致。換句話說，這是「不符合你產品風格的廣告詞」。原則上不能做出「與產品不相稱的廣告詞」。

面對人物誌的海報設計廣告詞

列出目標顧客會有的牢騷，慢慢就能發現突破點，知道要如何設計廣告詞。比方說，假設你正在進行品牌打造的產品是「減少油脂成分的薯條」。假想顧客是放學立刻回家的高中女生。是那種會在晚餐前邊看電視邊滑手機，並在嘴裡塞滿薯條的女生。把這樣人物誌的海報貼出來，試著列出她可能會吃的現有薯條產品和對那產品的抱怨。「啊，要是有不會弄髒手機的薯條就好了……」、「吃薯條時找不到濕紙巾……」。於是，漸漸地廣告詞之神就會降臨會議室，各個成員開始扔出各種點子。「那就用『手機使者的薯條』去做！」、「要重視震撼性，那『手機欽點的御用品牌』呢？」希望可以像這樣開開心心地設計廣告詞。**愁眉苦臉的話，那項產品的擴大會很有限！**

根據目標顧客的抱怨來設計廣告詞

面對被做成海報的人物誌
（假想的唯一顧客），
將他心裡的抱怨一一條列出來。

假如你的產品能消除
那抱怨（困擾、不滿），
那抱怨便可能轉換為廣告詞，
根據這些抱怨去構思，
肯定會創意湧現。

不是靠「推的」銷出產品，而是用「拉的」吸引人購買，這就是品牌。也要避免採用煽動性或訴諸恐懼、不安的廣告詞。

STRATEGY 09

更高段的命名術和關於國旗及產地

不能變更產品名時要用點巧思提升價值

這一章是以命名為重心，講述讓顧客覺得你的產品更有價值的手法；但遇到無法自由更動產品名稱或附加品牌主張的情況，請試著把以下內容當作「其他提升價值的技巧」來看。如果你附近有iPhone的外盒，請看盒子的背面。上頭印有這麼一行字：「Designed by Apple in California. Assembled in China.」。若是一般產品，這裡只會印上「Made in China」就沒了。但擅長品牌打造的Apple將產品價值提升到最大限度，連細節也不馬虎。要注意的是，Apple不使用「製造（Made）」一詞，而用只是在中國進行「組裝（Assemble）」的說法。我把這類表現法記載於右頁。若能用在印刷品的LOGO附近，務必試試看。

在產品名稱前後左右放上國旗的附加價值

說完「Made in 〇〇」，接著我要建議各位「好好運用國旗」。比方說，瑞士製的產品，不論是巧克力或工業產品，許多外包裝上都印有瑞士國旗。國旗早已是一種識別符碼。但這麼做很正確。正如我在第66頁中談過的，我們對土地都有既定的印象，在世界上瑞士給人的印象是「安心」、「安全」、「守護」。因為理解這一點，瑞士製品才會在外包裝或LOGO附近印上國旗，使產品的價值最大化。即使很小也好，不是長方形也可以，甚至圓形也無妨。在日本製產品的前後左右放上日本國旗也是品牌打造。日本具有「細膩」、「瑕疵品少」、「高品質」、「準時」這類物超所值的印象，所以要多多利用。最近Levi's開始對日本製的牛仔褲加上這樣的標籤，也很受外國觀光客的歡迎。在美國也會看到反過來以小型家庭事業為傲的標示「FAMILY OWNED BUSINESS」。

最大限度提升製造或設計地價值的標示實例

Designed in Kyoto | Made in Vietnam

Hand-crafted by Artisans in Yamagata-JPN

Made with Samurai Spirit : Assembled in China

Developed & Designed in Beautiful Saga

Hand-picked by Senior Citizens of Iwate

產地標示當以遵守法令規範為優先。而且關係到製造責任和關稅。上述例子的標示都是在符合法規的前提下玩的文字遊戲。

STRATEGY 10

關於商標註冊和進軍海外

先想到也會功敗垂成 若求安心就註冊商標

命名這一章的最後要談有關註冊商標的部分。如果沒有為商標（命名）進行法律上的註冊，好不容易想出來的產品名稱，明天起別家公司要用也行。假如其他公司搶先將你正在銷售中的產品名稱（未註冊商標）申請註冊，那就慘了。儘管是你想出來的商標，將來也可能反而被已註冊商標的公司控告，或被要求支付使用費，並伴隨著不得不將你的產品從全國下架的風險。**商標註冊要向專利局提出申請，捷足者先登。不是什麼「先想到就沒問題」，終究還是先申請、註冊的人才算取得那名稱的使用權。**權利期間自註冊日起10年皆有效。之後每10年申請展延，可永遠保有使用權。現在許多資訊也已上傳網路，稍加研究應該就能自己提出申請。

若想進軍海外， 商標註冊更要謹慎為之

若要求快和正確性，就上網搜尋專利代理人。他們是提供有關商標方面的諮詢到代辦申請的專家。這麼說是**因為商標註冊被劃分成45類（產品和服務的種類），比我們想像中的要複雜難解。要用哪個類別提出申請才能真正維護命名的權利？愈看那些類別清單便愈沒有把握，**這是常有的事。但一個一個類別胡亂註冊所費不貲。在日本註冊一個類別的花費大約5～10萬圓，視專利代理人而定。另外順帶說一下，網路上可以輕易查到你想出的命名是否已被別人註冊。請試著利用檢索網站輸入「商標調查」。**若要進軍海外市場，最好在各個進軍國家分別申請註冊商標。在國外，有時產品名稱稍微類似就會被投訴。**更加謹慎和法律上的武裝很重要。

何謂商標？

商標指的是業者為了讓自己（自家公司）經營的產品、服務與別人（其他公司）的區別開來所使用的符號（識別標誌）。

CHARITEENS
by 第一学院高等学校

何謂商標權？

＋
第9類
「電控式機械器具」

以〈標誌〉＋〈產品、服務〉的組合註冊。
※不是只註冊標誌！

取得商標權有何好處？

- □ 事先取得商標權，即可當作自己的商標獨占式地長期使用。
- □ 可向使用自己註冊的商標和類似商標的人請求禁止使用及損害賠償。

何謂商標註冊申請？

商標註冊要向專利局提出申請。
有同樣或類似的商標提出申請時，採用先申請原則，即核准先提出申請者註冊商標，而不管何者先使用。

申請前該做的功課

要先進行商標調查，看其他人是否已註冊同樣或類似的商標。

◎智慧財產局商標檢索系統

https://twtmsearch.tipo.gov.tw/OS0/OS0101.jsp

如果是採用第70頁提到的咖啡牛奶法則的命名，因為太過普通，商標註冊可能不被核准。

STRATEGY

11

國際化的當今日本 一開始就要取世界通用的名字

著眼於 進軍海外的命名？

我想應該也有公司打算用目前正在進行品牌打造的產品挑戰海外市場。我非常贊成包含中小企業在內的日本企業向全球發展。即使沒有這樣的計畫，現在的日本也有大量外國遊客湧入。旅行日本期間，在某地看到你的產品的外國人主動聯繫你，表示想把它引進自己國家販售，這樣的案例近來也增多。因此從零開始設計命名的當下，就將全球布局納入考慮，在這個時間點就慢慢規畫或許也不錯。要舉這類的實例必定會提到〈可爾必思〉和〈寶礦力水得〉。前者的讀音在英語圈會讓人聯想到「尿尿」，後者則給人「飲用汗水」的印象，都是有名的話題。我建議命名時要先確認那名字在英語、法語、西班牙語等圈子會不會被人作負面解讀。順便告訴各位，〈嗨啾〉口香糖在美國用原來的名稱成為了超人氣產品。

雖然沒有標準答案 但要避免幾件事……

在針對海外市場設計產品名稱時通常會考慮用英文字母拼寫，但其實這裡會有陷阱……。英文字母並非萬能。常常發生英文字母圈的人不會照著日本人所希望的念法發音的情形。比方說「RYU」。英語圈的人會念成「Ra-Yu」；如果希望他們念作「リュウ」，則要標記為「LIU」。此外，拉丁語圈的人遇到字裡有「H」不發音，所以「HONDA」會變成「ONDA」。右頁是日本人在台灣創業並開設多家分店，在台灣大受歡迎的抹茶車輪餅店，抹茶的標記採用的是世界標準（若用英文字母，本來應該標記為MACCHA？）。使用數字這點子也很棒，因為全世界都能理解，是很好的案例。另外，以製法精細自豪的茨城縣章魚加工業者在外銷用的包裝袋上把「ARTISAN OCTOPUS」標示得比商號還大。強調匠師製作的價值，而把小沼源七商店這較長的品牌名稱放於後面。這也是外銷的技巧。

108 MATCHA SARO

創業明治二十三年
小沼源七商店
厳選
謹製
たこ一筋
HIRAISO

ARTISAN
OCTOPUS
HAND-PROCESSED
IN JAPAN
by
www.yamashow.co.jp

STRATEGY

第 5 章

作為品牌打造一環的用色和設計

For Better Branding

STRATEGY 01

對設計吝嗇，品牌打造前景堪慮

品牌打造的設計要採「倒推式」

確定產品概念，也想好名稱和品牌主張之後，下一步就要用設計表現這些部分。讓我們一同思考產品的LOGO、包裝及用色吧。**重點是不能盲目地一味提升設計感，或全部委託外面的人設計**。品牌打造的設計關鍵在於「倒推式思考」。要用「外觀」而非文字體現產品概念應該怎麼做？怎麼樣才能用設計取悅這位用戶（假想顧客）？要像這樣**用「倒推方式」思考所有環節，和設計師一起工作**。即使具備好的產品概念和命名，但在設計這部分搞砸了便前功盡棄。人和產品都是「九成靠外表」。B2B不需要？沒這回事。推銷和展覽會都是設計感強的品牌，做起事來才會更輕鬆。希望各位能透過新的挑戰感受品牌打造的威力。

從根本改變委託設計的做法

日本的企業多半捨不得把錢投入設計，尤其是中小企業。然而，致力打造品牌的公司不能有這樣的心態。如果團隊成員中有人抱持著「設計和營業額無關」的這種想法、中小企業的幹部中有會說出「那麼講究設計要幹麼？」的人，或出現這樣的氛圍，就會打擊團隊士氣。把錢和精力投入設計才會看見嶄新的商業世界。若感覺氣氛有點險惡，就**把第31頁的內容與團隊分享，不斷告訴成員品牌打造的最後會有什麼收穫**。另外，趁此機會改變設計類的委託單位也很重要。倘若以往至今長期委託的地區印刷業者或包裝業者深刻了解品牌打造並走在時代前頭，那就沒問題。不是的話就要換人。**這是發掘擅長品牌打造的協力業者的大好機會**。

品牌打造高手是從產品概念倒推回去思考設計及其他環節

對設計師和插畫家不能抱持「什麼都好，請提案」的心態

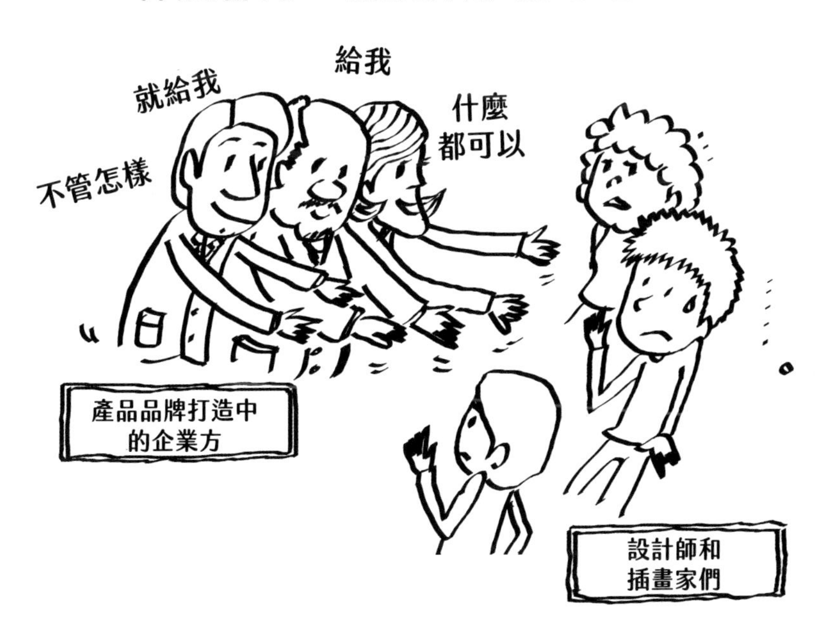

STRATEGY 02

依選定的名稱設計產品LOGO

利用LOGO設計體現概念和價位

現在要開始為第4章敲定的命名設計LOGO。**LOGO是屬於心理學的範疇。**比方說，產品的價位，人們對於像右頁那樣占用很大面積的產品LOGO會覺得「好像很貴」；反之，擠成一團的LOGO，如果再加上大特價傳單那樣的用色，看到的人恐怕會直覺是「便宜貨」。而若是反白字或粗體字便感到「值得信賴」，要是外形又像富士山那樣穩重、安定的話，更是如此。假如你經手的產品是鎖、工具或是健康食品，建議設計一個像這樣會讓人感到安心的LOGO。相反的，看到倒三角形的建築物時人們會因為不安而異口同聲：「感覺好可怕」，基於同樣的心理，也有人會對設計成很平穩的倒三角形LOGO感到不安。**藉LOGO體現產品的概念很重要。假想顧客看了會感到喜悅的LOGO同樣重要。要深入考慮觀看者的心理。**

LOGO好用與否很重要希望最終拿到的是……

LOGO設計最終若能從設計師那裡拿到如右頁的各種版本的設計就好了。「只交出單一版本的主LOGO」，一旦印刷品的版面容納不下，有時員工會擅自修改……。結果就是在公司各處出現比例失衡的LOGO，或從沒見過的LOGO版本。為防範未然，**一開始就要請設計師設計全套的LOGO。英文版、日文版、直式、橫式、彩色版、黑白版……。最好還要有單獨文字的版本。刪除圖案或人物等文字以外部分的版本是一定要的。**此外，建議也要有附加品牌主張或刪除品牌主張、附加網址或刪除網址的版本，或是兩者皆放上的LOGO版本。要請設計師以JPEG和AI（Adobe Illustrator）格式的電子檔交件。JPEG版是用於簡報資料等，與印刷公司和設計師討論溝通時則需要AI版。

LOGO設計給人的印象在不知不覺中形成？

TORIAEZU
COMPANY

T O R I A E Z U

倒三角形的LOGO
有時會給人不穩定的印象

大量留白且文字間距大的
LOGO散發著高級感

反白字給人穩重的印象。
會感覺值得信賴

富士山的雄偉會予人安心感。
同理，三角形LOGO也具有安心感

設計師交件時要有的各種版本

橫放英文版

直放英文版

橫放日文版

直放日文版

無框橫放英文版

無框直放英文版

無框橫放日文版

無框直放日文版

事先就要求設計師交件時要有各種版本的LOGO。拿到JPEG和AI兩種格式的電子檔後，好好保管在公司內。

STRATEGY
03

LOGO的成敗關鍵在交件之後

設計師交件時就只是個設計

在日本，大多數人對品牌打造的理解就是設計一個好的LOGO。假如這樣就能創造出一個在地區、業界稱得上品牌的產品，那事情就簡單了。只要所有公司都聘請設計師把產品設計得美觀好看就行了。可是實際上，其品牌地位獲得社會大眾認可的產品並不多。也就是說，不是設計一個LOGO就「好了，結束」這樣單純的事。和序章中介紹的家畜小故事一樣，要賦予那LOGO（烙印）「油脂香氣格外濃郁」的印象或意義，並且讓社會大眾知道、獲得使用者認可後，產品才會慢慢升格成為品牌。**就算收到設計師設計出的LOGO，在那個時間點上它就只是個設計**。能不能將那設計提升到品牌的層次，就要看你怎麼做。

徹底讓所有與產品有關的人都知道LOGO的使用規則

LOGO完成、交件後才是重點。事實上，許多公司對LOGO交件後的管理都很鬆散。我在第88頁寫到要請設計師設計各種版本的LOGO，但各家公司似乎時常發生LOGO交件後檔案遺失的情形。連存在哪一台電腦都不清楚，於是發信請設計師再傳一次，這樣的案例真的很多。除了保管之外，也希望投入心力將與LOGO有關的禁止事項徹底公告周知。同一頁中也提及有可能出現公司內部「自行加工的LOGO」，現實中也真的發生改變長寬比例、調整顏色、變更品牌主張，或是加上額外的文字或圖案這類狀況。所以你的公司也需要右頁記載的規則。**不只是公司內部員工，也要讓協力廠商的人知道，貫徹對待LOGO的方式正是符合品牌打造作風的作為**。LOGO具有的印象一旦改變，產品的形象也會改變。對外傳遞一致的形象是最基本的事。

收到LOGO的設計後要制定使用規則

假設這是LOGO的原貌

要像這樣製作錯誤使用範例集！

✕ 不擅自改變比例！

✕ 不用畫質粗糙的圖檔！

✕ 不擅自增加鳥的數量！

✕ 不擅自更動文字排列！

許多公司收到設計師做好的LOGO便放心了。不不不！品牌打造才要開始呢！

STRATEGY 04

尋找設計師的方法各式各樣

請人介紹不如自己找！設計師頗為參差不齊

許多人會問：「要怎麼找設計師？」這時不妨先自己上網搜尋。請別人介紹雖然也不錯，但若是介紹的設計師與你想做的事不合，或遇到設計師心有餘而力不足的情況，會不好回絕。這麼說是因為設計師和醫師一樣，也有各自專門的領域。擅長設計LOGO、擅長設計包裝、擅長編手冊、擅長設計網站……。除此之外還有可愛系、冷酷系、日系等分枝。**一般人往往以為自稱設計師的人，不論是誰都有同樣的水準，什麼都會，但其實良莠相當懸殊，而且有擅長和不擅長的部分。**當然也有強調自己「樣樣都行」的設計師，而若是還算有規模的設計事務所，各領域的專家都有，有時也可以在一個地方全部搞定。不管怎麼說，為了增加經驗值，我建議最好自己上網搜尋。許多設計師會將過去的作品登載在網站上。

設計師、攝影師和插畫家匯聚的場合

另外，如果時間寬裕，也可以用這種方法結識設計師、攝影師或插畫家。**請點開東京國際展示場的網站首頁。**活動日曆中標註〈Creator EXPO〉和〈Design FESTA〉的是**設計師或插畫家發表自己作品的展示會。**任何人都可以入場。實際在會場中慢慢逛，遇到自己屬意的作品就和當事人交換名片，當場提出工作邀約。可以知道自己和對方投不投緣是一大優點，而這是透過網路搜尋感覺不到的部分。開頭寫道「如果時間寬裕……」，那是因為活動的時間不一定會與計畫的進行一致，**但你所在的地區肯定也有類似的活動。這種活動正是結識設計師的好機會。**不少企業都會利用，務必試試看！

形形色色的創作者

平面設計師

網站設計師

日系設計師

包裝設計師

產品設計師

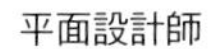

服飾設計師

制服設計師

裝幀設計師

角色設計師

空間設計師

人像類攝影師

食品類攝影師

靜物類攝影師

建築類攝影師

服裝類攝影師

等等

從QR Code可以連上東京國際展示場的網站。
一起去參加與設計師相遇的活動，Let's Go！

STRATEGY 05

品牌打造的適任者及設計費的行情

遇見適合打造品牌的設計師

介紹了幾種認識設計師的方法，在這過程中要尋找的是，**你所在地區最了解品牌打造的設計師及設計事務所**。有別於地區印刷業者首頁上常有的雜亂無章感，這種設計事務所的網站大體都很素樸。多半會將自己的實際設計成果連同美美的照片一起展示在網頁上。這證明了他們懂得事物的「呈現方法（如何吸引人的方法）」。這種特質很適合做品牌打造。一般使用的名稱是設計事務所，現在也有創意代理商這樣的稱呼。我試著用「山形縣天童市」在網路上搜尋（見右頁）。這家〈COLON〉應該就是了。你所在的地區一定也有感覺與它相近、有創意的設計事務所。請務必把它找出來。若能遇見這種水準的工作夥伴，你的產品品牌打造一定充滿希望。

若以LOGO為例應當花費多少？

那麼，應當花費多少錢在設計上呢？比方說，有公司花費數百萬圓設計一個LOGO，也有公司用幾萬圓就打發掉，因此很難籠統地說出一個行情價。可是，我們現在正在進行品牌打造。若要具體地說，在日本一個LOGO大約要花5～30萬圓。除了LOGO以外，還有包裝、摺頁傳單、網站、展覽會的攤位等的設計，視產品而定，如果全部都有，今後還要在設計上投入一筆資金。不過請別退卻。「找以前每次合作的那家印刷業者不是比較便宜!?」走回老路就不能算是品牌打造，對公司的發展也沒有幫助。因此這時**設定設計預算的上限，和設計師一邊討論在預算範圍內可以做的事，一邊推動計畫前進**，不是很好嗎？緊要關頭也可以申請地區補助金，或改採群眾募資。**不能對設計吝嗇**，是我希望永遠保有的一種態度。

尋找地區上擅長品牌打造的設計事務所

山形縣　天童市　設計　事務所

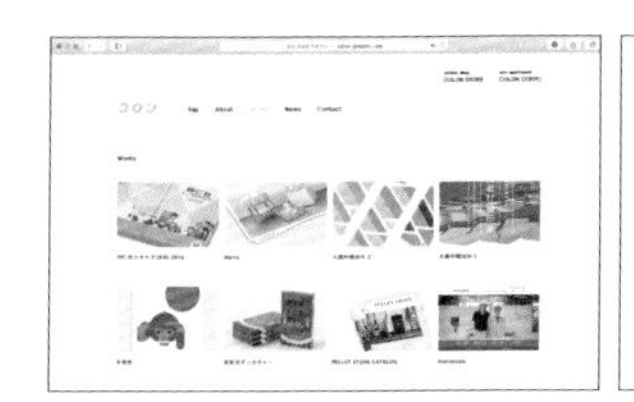

STRATEGY 06

如何挑選及與品牌戰略顧問打交道

希望找到的是設計師兼品牌打造的請益對象

擅長品牌打造的創意代理商應該會在洽談過程中，告訴你其他公司進行品牌打造的實例，或適合你產品的銷售管道等。也就是說，如果找到你所在地區的優良創意代理商，他就會是你非常可靠的夥伴。不僅是設計師，還是供你諮詢的對象。和他談得愈多，你就會具備愈多品牌打造的知識，有這樣的盟友就再好不過了。我在本書的執筆期間從零開始創立的調味品品牌，是由精通食品包裝設計的〈Haruiro Branding Design〉事務所負責設計。這正是委託方的企業在進行過程中不斷與設計事務所商量、請益的案例。是揚棄長久以來發包給印刷業者、包裝業者設計的習慣，遇見擅長品牌打造的創意代理商的成功案例。

指導一切的品牌戰略顧問

我要簡單談一下有關品牌戰略顧問的角色。包含前面提過的產品概念等，以及之後要登場的網站、產品展覽會等等，一路指導並陪伴企業闖過這些品牌打造關卡的人，就是品牌打造的專業顧問。除了本章前面所談的尋找設計師之外，包括對設計師的指示、要求等，品牌打造專業顧問都會準確地予以協助。只是，和設計師一樣，顧問的良莠也相當不一。而且和醫師一樣，也有投不投緣的問題。建議簽約前最好多次會面，認清人品。此外，由於不是設計師，委託的工作不能僅止於產品推出上市前的部分，還要包括上市以後的銷售活動或媒體策略，選擇兩者都能提供協助的人會更有成效。月費無法一概而論，不過搜尋一下就能找到用以聘請這一類專家的補助金，可一併研究，將專家延攬進團隊。

產品品牌打造：各個面向適合的請益對象是？

	請教品牌打造設計方面的問題	請教品牌戰略經營方面的問題	請教銷售管道和銷售方面的品牌戰略	請教品牌打造有關媒體曝光的問題
一般的設計師	◎	○	○	○
擅長品牌打造的設計事務所	◎	○	◎	○
地區印刷業者（業務專員）	○	○	○	○
品牌戰略專業顧問	◎	◎	◎	◎
稅務師、會計師	×	◎	○	△
日本中小企業診斷士	×	◎	○	○
廣告代理商	○	○	○	◎

近年多數中小企業的抱怨……
「印刷業者提出的建議……總覺得哪裡不太對勁」

只要支付月費，廣告代理商就會幫忙讓你的產品登上雜誌、電視等媒體。

STRATEGY 07

與設計師磋商時 有備無患的LOGO知識

與設計師要聊得起勁 需具備的LOGO基礎知識

根據以往的經驗，我一直認為**與設計師聊得愈起勁，就會有愈多好的設計誕生**。希望今後能一再看到當事者之間順暢無礙交談的場景。為此，我們發包工作的一方需要具備有關LOGO設計的基礎知識。一起來認識兼複習包括第4章談過的附有品牌主張的LOGO及其四周各部位的名稱吧。看右頁就知道，雖然通稱為LOGO，但細分之下，各個部位都有各自的名稱。文字的部分叫「**字標**」。前面已學過的**品牌主張**則是在LOGO四周加入一句標語，放置於LOGO的上、下、左、右都可以。有些LOGO只有這兩個部分，但以右頁的LOGO來說還有四顆星星。這部分直接通稱「**象徵符號**」。主色調叫做「企業色」，有好幾種顏色也沒關係。

產品品牌打造 一定要有角色人物嗎？

經常有人提出「希望設計一個角色人物」。許多LOGO在上面提到的LOGO象徵符號部分就是使用角色人物。你只要**根據產品概念和人物誌倒推回去思考是否需要角色人物，應該就能得出答案**，假使真的設計了，就要徹底讓它好好表現。尤其是中小企業，設計吉祥物是沒問題，但很多後來都被閒置不用。那樣的話，就結果來看反而給人不好的印象。一定要繼續設計許多動作、表情、不同季節和節日的版本，讓它像員工那樣好好工作才行。要是覺得這樣很麻煩，**建議不要設計那種常見的二頭身可愛型的吉祥物，選擇感覺比較成熟，以單純的線條或剪影勾勒出的生物。這類角色人物沒有季節性也不必管服裝，比較容易維持**。就是如右頁下方的袋鼠那種感覺。

對會商很有幫助的LOGO部位名稱

產品角色人物設計：種類和可能性

說到角色人物，往往會考慮中間那種類型。但務必依據人物誌，將其他的畫法也納入考慮。設計出不同的角色人物。

STRATEGY 08

不妨像這樣對設計師提出要求

高明的指令會誘發設計師的動力

「我帶來幾個設計案，選一個吧」。長期用這種方式和印刷業者（設計師）合作的公司要小心。**等待提案→評論→挑選→要求修改，這樣的設計過程並不會讓貴公司具備打造品牌的能力。**我們自己除了要根據前文談過的產品概念和人物誌，以倒推方式思考要怎麼設計並構思到一定的程度，而且要隨時不忘把我們身為製造者、銷售方對產品的情感，熱切地傳達給設計師。因此，與設計師的第一次會商不能以Skype了事，必須面對面討論。挑選設計師時應該已看過對方過去的作品，但並不保證貴公司的計畫也會看到同樣的品質。**每次會商都要給予設計師刺激，以誘發出那樣的品質，否則不會留下好的成績。**一旦認為「付錢的可是我們!?」就出局了。要帶領計畫前進的人是你。

若感覺能清楚委託也可以在網路上公開徵求

如果能夠像右頁那樣用文章明確表達出對LOGO的要求，還有其他迅速又便宜的選擇。那就是「在網路上比案」。正確地說是**「利用承辦競賽的網路服務」**。例如，此領域中的代表〈Lancers〉。這時只要發布如右頁的文字，全國的設計師就會為了你接二連三地在網站上提出LOGO設計案。雖然也要看比案的價格、期間和主題，不過多的時候，2週左右也許就能募集到超過100件設計案。你只需要從中挑選。如果是Lancers，選好後只需支付中意的一件案子的費用。Lancers的做法是比案開始前就事先定好費用，其金額有3萬、5萬、9萬三種方案。也就是說，你最高只需支付9萬圓就能取得LOGO及其使用權。要注意的是，即使沒有看中意也非得選出一件才行。根據以往的經驗，絕對建議選擇大約9萬圓的方案。

實錄：透過網路比案設計出的產品LOGO

ORDER DAY　／　／

LOGO標示名稱	好朋友咖啡（NAKAYOSHI COFFEE）

— 概要、特色 —

我們要請您設計一個新的咖啡豆（烘焙）品牌的LOGO。我們想用具有復古感、懷舊風的文字設計。象徵符號是「擊拳」，擊拳的角度沒有限制。為何要用擊拳呢？因為這個品牌的名字是「好朋友咖啡」。圖畫單純是用來作為象徵。外框有無、文字排成一段或兩段等，全由您決定。表示地點的「SHIMA, GUNMA」要使用逗點斷開、半形標示，或是用加入連接號的「SHIMA-GUNMA」，也由您決定。也有更為正確的拼法「GUMMA」，但這次就採用「GUNMA」。主色調為薩克斯藍（淡淡的水藍色）和栗色（酒紅色）。這是母公司的代表色。當然不必塗滿，某個角落稍微用到即可。無論如何，希望設計出的圖畫、字標能帶有歷久不衰的復古況味。

這款LOGO設計費用為9萬1,800圓。

花費天數僅有14天。

2週內從全日本募集到94件的LOGO設計案。

右圖為最後選定的LOGO。

STRATEGY 09

從提案中挑選LOGO設計的訣竅

以什麼為標準挑選才正確呢？

篩選出數個產品LOGO設計案，終於到了最後決定的時刻，社長或上司隨口一句：「我喜歡這個……」。這時為免最後選出老派俗氣的設計，更為了避免得打掉重練，讓我們大大地善用人物誌吧！**「我們假想的顧客是這樣的人物，所以LOGO要……」，拿出那張海報，結束上司的個人好惡式言論。**大多公司都標榜「顧客第一」，所以這時也會配合。那麼，假如上司是個懂得體諒的人，要團隊（你）自己決定的話呢？這時**應當選擇比較容易留下記憶的LOGO。是叫殘影感嗎？選擇在正面意義上，總覺得有某些部分讓你有些在意的LOGO設計**；在第104頁會再詳細說明。但如果依然難以抉擇，就順著當下愉快的氣氛選擇比較有趣的LOGO。說起來很神奇，在愉快的氣氛下完成的工作，世人通過產品也感受得到。這也同時能培育產品的粉絲，「FUN＝FAN」。

選擇前後要考慮的設計權和檢查有無雷同

還有一件很現實的事，**選擇LOGO設計時要同時檢查有無類似的LOGO**。正如東京奧運、身障奧運的識別標誌也出了問題，現在這時代，任何人都可以藉由網路指出雷同之處。好不容易選出的新產品LOGO因為這樣的指摘而走不下去會很可惜。所以決定前要確認有無雷同。首先，付費請專利代理人在網路上搜尋調查類似的LOGO是一種方法。除此之外也可以利用〈Toreru商標檢索〉和〈TinEye〉等類似LOGO檢索網站自己調查。最後，東京奧運發生LOGO雷同的問題時，以「解說人」身分不斷上電視節目發表評論的設計師溝田明先生，為本書傳來以下這段文字：「LOGO是個性和差異化的體現。當有其他相似的LOGO存在，在這時間點上它已不能發揮作為LOGO的功能了不是嗎？」說得對極了。

LOGO設計不能依社長或上司的喜好決定！

應當以產品概念和人物誌為優先
選擇符合這些的LOGO才是正解

「把員工都捲進來，大家一起做決定」的老闆也不少。這時最好先經過篩選，盡可能地減少件數再投票。

STRATEGY 10

不花錢設計LOGO!? 高段班的品牌打造

高段班不請設計師 或者不花錢設計LOGO

店裡和家裡都可享用的產品也很受歡迎的〈Soup Stock TOKYO〉。創業十餘年便成長為獲日本航空（JAL）採用的國際線機上餐品牌。餐點送上時，看到LOGO便激動歡呼「哇！Soup Stock」的女性粉絲不在少數。然而它的LOGO是黑白的，而且是用任何人的電腦裡都有、非常基本的「TIMES NEW ROMAN」字體做成。另外，右頁的〈HASAMI〉也是包含LOGO在內完全沒請設計師的長崎縣波佐見陶器品牌。在中川政七商店的輔導下推出上市，一眨眼的工夫便成為走到哪兒都會看到的品牌。至今依然在禮品市場上備受矚目。耐吉（NIKE）的LOGO也是，僅僅花費17個小時、40美元就創造出來。**這些LOGO的共同點就是不花錢設計**。重要的是LOGO設計出來以後。一個單純的設計能否升格為品牌完全取決於公司的作為，也許了解這一點的人便不會執著於LOGO!?

優秀的LOGO 暗藏「勾子」

優秀的LOGO暗藏「勾子」。所謂的「勾子」是指，會在看到LOGO的人腦中留下什麼機關或像是殘影的東西。不起眼到被人告知後才會發覺的程度……。比如右頁〈FedEx〉的LOGO。仔細看會發現，LOGO的一部分成了箭頭，悄悄地表達出他們所經營的是跨國運輸事業。每天會看到的〈7-11〉也是，無視英文的書寫規則，只有最後一個字母採用小寫，令人在意……。光是設計出好看的LOGO已不得了了，**還要加上什麼「機關」，談何容易，不過請各位當它是一種技巧記在心裡**。無論是透過傳聞擴散開來，或是以冷知識形式多次登上媒體版面，某個部分讓人覺得「有些在意」的LOGO確實有好處。順帶提一下，我公司LOGO上的4顆星星也有點變形，當作是「勾子」。

出乎意料簡單的LOGO範例

總覺得有些「在意」的LOGO範例

仔細看的話，E和X之間有箭頭

正常的寫法全部都是大寫……

STRATEGY 11

產品品牌打造
如何思考、決定顏色

品牌是
透過顏色被認識

我從命名、品牌主張、LOGO一路談下來，但在資訊氾濫的社會要讓人記住產品名稱可不簡單。讓人記住產品的顏色會比較容易。各位應該也有過「不記得名稱，但記得盒子顏色」的經驗吧？我說過LOGO屬於心理學，而色彩也非常心理學。**你所選用的主色調會影響到產品的銷售情形、形象和受支持度**。如各位所知，藍色系不適合用於食品和餐飲店。因為無法激起人的食欲，而自然界裡也少有藍色的食物。但另一方面，藍色具有敏銳、聰明、誠實、正確的印象，因此藍色就可以用在工具、文具、會計軟體等的包裝上。另外順帶提一下，美國人似乎不像日本這樣覺得「藍色＝食欲減退」，以藍色為基調的食品和餐飲連鎖店還不少。接下來要淺談一下有關產品顏色的部分。本書還會利用封面折口做說明。

避免與其他產品撞色，
顏色也要定位

決定產品的主色調時，假使有其他公司的產品使用類似的顏色，那顏色的「位置」即已被占據。我在談定位圖時曾說過，品牌打造就是要「在市場占有一席之地」，這句話對主色調同樣適用。舉個例子，假如你即將發表新的顏色，肯定會心想：「如果用紅色應該會撞色吧」。沒錯，**決定主色調時一定要避免「和別人一樣」。一樣便無法作區隔。「競爭產品眾多，顏色沒得選！」這種情況就要選擇2～3種顏色當作主色調**。以可樂界來說，〈百事可樂〉以紅、白、藍為主色調；你書桌上的〈MONO〉橡皮擦則是藍、黑、白3色。就算撞色，但只要理由強大就能過關。前面提到的〈Soup Stock TOKYO〉以黑、白為主色調，但湯有各種顏色，主角終歸是湯，所以為了襯托主角才使用黑白色調。

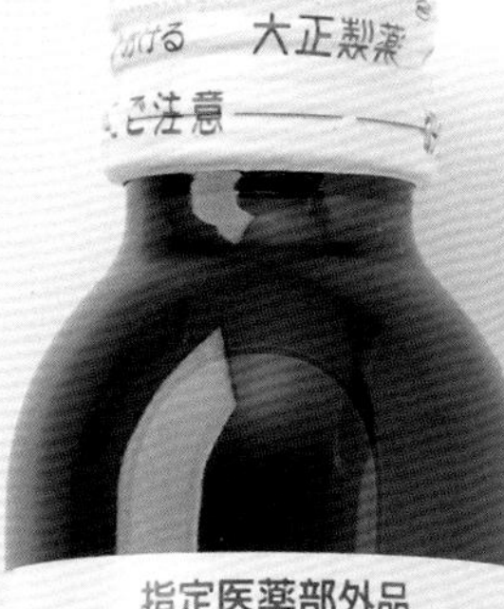

主色調原則上要避免與
競爭產品重疊

主色調就是一種顏色？不，也可
以像這些例子這樣使用組合色

不是依好惡決定，這部分同樣要
根據概念和人物誌做判斷

要仔細思考一般人在心理上
對那顏色有什麼感覺

關於顏色給人心理上的感受
請見本書封面折口！

STRATEGY 12

歐美在打造品牌時各種決定顏色的方法

選擇受歡迎的顏色 利用顏色創造粉絲的方法

因為是產品品牌打造，之後還會談到宣傳、廣告贈品等有關促銷的種種。預見後續還有以上這些環節，這時**單純地選擇「大家喜歡的顏色」作為產品的主色調也是可以的**。實際上，美國新成立的職業球隊很多就以翡翠綠作為主色調，那是基於一項調查數據顯示，美國有3億人普遍喜歡那個顏色。結果，有些人雖然對籃球和棒球不感興趣，但會因為喜歡那個顏色而購買T恤和周邊產品，收下紀念品的人也增多。雖然不同世代和地區，受歡迎的顏色多少有些差異，更何況有各式各樣的統計數據，因此到頭來可能連顏色都拿不定主意，不過以我的親身體驗，**感覺很少有日本人會討厭〈蒂芙妮（Tiffany）〉紙袋上的蒂芙妮藍。還有就是色彩呈現得好的抹茶色。這個顏色似乎也能觸動日本人的心弦。**

想擺脫賤價銷售 就選微妙的顏色作主色調

蒂芙妮的顏色因為是很難精確命名的顏色，所以才叫蒂芙妮藍。古馳（GUCCI）的紙袋也是如此。是接近黑色的深褐色？還是摻有褐色的木炭灰？從不同的角度看會有不同的答案，這同樣是難以形容的顏色。**顏色代表的意象（價格）有高有低**。人們對於像大減價傳單那樣混雜紅、藍、黃等原色的情況，原則上會感覺「很便宜」；而對於黑色、深灰或木炭色等雅致的深色系，瞬間的反應是「感覺很貴的樣子」。另外，選擇開頭所舉的2個例子中那種「微妙的顏色」當作基調，有助於擺脫賤售的形象。本書封面折口上刊載有簡略的色彩集作為範例。右頁茨城縣的章魚店〈小沼源七商店〉非常努力。主色調很難說是哪種顏色，非說不可的話，就是他們至今依然用章魚的顏色持續讓全世界認識他們。順帶告訴各位，他們還有湖藍色的制服。就因為是章魚（笑）。

正式的鞋子是章魚色的〈CONVERSE〉

他們還有湖藍色的制服

STRATEGY 13

品牌打造 還要有主「圖樣」

不知該如何選色的話 不妨成為「黑色」企業

若無法決定顏色，建議就當個「黑色企業」。既有高級感，管理起來又輕鬆。要讓印刷品等帶有一致感也很容易，在品牌打造上是非常方便好用的顏色。若在LOGO設計中加點懷舊感，如同右頁上方的例子，便感覺永不過時，這也是黑色的特點。至今做過多如繁星的計畫，以黑色＆反白字為主色調的設計，從沒遇過之後感覺變醜的案例。統一使用黑色調最精采的例子是在新潟。如果到日本三條市附近，請順道走訪生產指甲刀的〈SUWADA〉總公司和工廠。由於是開放式的工廠，隨時都可以參觀。從停車場的導覽指示、師傅們身上穿的制服，到現場的備用品，全是黑色。超酷的，因此參觀完工廠來到店裡看到很多東西都想買。不僅如此，看過這裡的手藝師傅，我想任何人都會開始對製造工作懷抱憧憬。

若想達到中段班以上 可採納「基本圖樣」的構想

如果覺得黑跟白的單一色調有點乏味，可以在主色調之外加上「基本圖樣」。右頁下方的照片是〈LAUNDRESS〉洗潔劑＋洗濯相關用品的品牌。採用單一色調，但同時又以直條紋作為主紋樣。這樣的設計非常方便好用，擺在零售店的貨架上常常是鶴立雞群。登陸日本10年以上，成功確立其地位，如今有許多跟風仿效的產品。**基本圖樣的想法不僅適用於單一色調的情況，不論你的產品主色調為何都是很好的構想。**事實上〈可爾必思〉也有藍色小圓點。沒有那圖樣就沒有這樣的存在感！如果它只是藍白兩色的飲料，也許不會具備現在這樣高的品牌影響力。〈Burberry〉和〈伊勢丹〉的格紋也是這類例子。兩者都是在數十公尺外即可辨識的強烈圖樣。

The Area 29
est.
1912
YMGT
PREMIUM MEAT

MEAT?
EVERYDAY!

"NECK"
THE AREA 29
BY YOSHIDA MEAT
THE BUTCHER'S GUIDE
MEAT? EVERYDAY!

THE LAUNDRESS
NEW YORK
DENIM
WASH

STRATEGY 14

品牌就是要讓人連產品的世界觀一起買下

讓產品顯得更高檔的子圖技法

在打造產品的品牌時，如果有像可爾必思的藍色圓點那樣的基本圖樣會有一個好處，就是可以當作「子圖」大量利用。像右頁那樣**在印刷品、包裝或促銷品的底圖上淡淡地且不妨礙文字閱讀地加入你選定的基本圖樣，產品會立刻顯得更加高檔**。看上去格外有種已建立品牌之感。這手法雖然簡單，但多數公司都沒有這麼做，尤其是中小企業。我稱這類利用圖樣的方法為子圖技法。這在宣傳活動和產品展覽會等場合也會帶給人強烈的印象。右頁所舉的例子是山形縣一間家族經營式的小型蘋果園〈Daichan農園（だいちゃん農園）〉的印刷品。這間農園也是以小圓點為基本圖樣，所以產品的標籤等處都有子圖……。〈小沼源七商店〉也在所有印刷品的底圖上加入用章魚腳做成的蔓草花紋。

剪貼畫風格的豆腐較高價依然搶手的原因

有品牌之稱的產品價格多半比其他產品貴一點。為何比較貴人們還是願意購買呢？一個原因是，**顧客不僅是為了那項產品掏錢購買，而是喜歡那項產品擁有的「世界觀」，有種連同那世界觀一起買下的感覺**。這裡所說的世界觀指的是那項產品發散出的氛圍、文化、氣場。講白了就是設計、質感和故事。比方說，在超市冷藏櫃裡釋放獨特氣息的〈帥哥豆腐店（男前豆腐店）〉。在價格競爭激烈的豆腐界，持續以設計成剪貼畫風格的包裝、有趣的命名，以及充滿玩心的網頁等取悅顧客的豆腐店。味道好自是當然。除此之外，更是具有獨一無二世界觀的品牌。價格雖然貴一點，但顧客會開心地為帥哥豆腐掏出錢來，是因為有種想連它的世界觀一起買下的心情。

背景印上基本圖樣，印刷品就變不一樣

圖樣的背後有著歷史、文化、地區性等的意含。單單一個格紋即可分成英倫風到戶外風各式各樣。不妨研究看看。

STRATEGY 15

不想賤賣就別使用看起來很廉價的顏色

先決定產品可使用的顏色

除了主色調之外，要再選定幾個印刷品及其他環節應當多使用的顏色。因為是可以使用的顏色，所以我把它取名為「OK色」。話雖如此，但顏色的種類之多不勝枚舉。因此只是大概舉出「（主色調以外）多多使用〇〇色系」即可。色彩的代表性例子正如右頁所舉的例子，**大約有5種OK色，可以的話請做成海報。會商時當作原則有效運用**。只用主色調一種顏色既無法製作產品的印刷品，全部文字都是那種顏色的話也看起來不舒服。**想為傳單等增添變化時，會需要用到主色調以外的顏色**。不過這時可不要任憑感覺、心情決定。在品牌打造的世界要事先決定好可使用的顏色。否則一定會用上一堆顏色，變成負面意思的五顏六色。

希望擺脫賤價銷售就不能使用大特賣般的顏色

前面說明了什麼是OK色，但反過來定出「NG色」其實遠為容易得多。正如你所想的，NG色就是在為產品打造品牌的過程中不能使用的顏色。主色調是成為視覺重心的顏色；OK色是應當結合主色調多多用於印刷品等環節的顏色；而NG色是作為品牌絕對不可使用的顏色……以上是複習。右頁同樣有代表性的色彩範例，和OK色一樣，舉出大約5種色系即可。該怎麼決定NG色呢？方法很簡單。和品牌不相稱的顏色、不符合形象的顏色、與主色調不搭的顏色，只要以色系的方式列出這些顏色就沒問題。還有一件事，**假如你想要擺脫賤價銷售，那麼「感覺很廉價的顏色」要全部設為NG色**。許多公司儘管嘴巴上說想跳脫削價競爭，卻不注意用色。

產品的主色調

SHOWCASE

火を消すモノでも飾りたい

※雖然是滅火器也想擺設

專為獨居人士設計的滅火器 SHOWCASE的主色調

DIC-50 | DIC-146

※DIC的色票顏色為近似色。

OK色 可多多用於印刷品等環節的顏色

NG色 不可用於品牌打造的顏色

STRATEGY

第 6 章

作為品牌打造一環的
包裝&印刷品

For Better Branding

STRATEGY 01

包裝設計得巧妙，消費者就會多買

要把包裝看作產品的一部分才行

有句話叫「買包裝」。意指在產品架上無數的選項中，因「喜歡它的包裝設計」而忍不住購買的行為。商業書經常會談到「市場行銷的4P」，所以我想各位應該都聽過，而品牌打造則可以說有「5P」。除了Product（產品）、Price（價格）、Place（行銷通路）、Promotion（宣傳）之外，「PACKAGE」也很重要。雖然產品是否需要包裝和容器會因為業種、業態、原物料而異，但從這一小節起，先一起來看看有關包裝的新觀念。這不只是製作或設計包裝。假如你所負責的是環保相關產品，或公司的政策是要垃圾減量，那麼不做包裝或簡化包裝也算是品牌打造。

在人口日益減少的日本一切都要做成禮品

認為包裝也是產品的一部分而希望講究其設計的原因是──日本的人口減少。今後任何業界要獲得一位新顧客相信都會很吃力。在這樣的社會裡，提高顧客的單次購買金額和回購率對業績的維持至關重要。而且包裝精美的產品很可能被用來送禮。**讓人在買給自己的同時也想「順便買給○○」，這正是包裝設計的強項。**這裡所談的內容可能無法適用於某些原物料、業態，但希望各位能盡可能地加以應用，嘗試改善「禮品券」和「介紹卡」的設計等。右頁是群馬縣四萬溫泉的〈柏屋旅館〉在旅館大廳販賣部販售的肥皂外包裝改善前和改善後的照片。不花錢，只是用點巧思改變包裝，便寫下業績成長約5倍的紀錄！

包裝優良的產品，一個顧客就會買好幾件

AFTER

B2B的產品有時不需要包裝……。本書第132頁會談到交貨時所使用的紙箱。

STRATEGY 02

容器或瓶子比的是標籤設計

中小企業沒有能力從頭開發瓶子、容器

本書的讀者應該也有不少是從事美妝美髮或食品相關行業的朋友。因此說到包裝，就得從容器、瓶子等非紙類的包裝談起。有財力可以從頭鑄模、開發像右頁那樣具有原創性的瓶子的中小企業少之又少。因此，這一小節要介紹的是利用現成的瓶子、容器的品牌打造。「品牌打造即意謂著差異化」，明明一定要做和其他公司不一樣的事，居然要使用和對手一樣的現有瓶子，這正是令人傷腦筋之處。但也因為有條件上的限制，反而會是很好的品牌打造訓練。不論如何，**請不要把產品名稱的LOGO當作標籤貼上去就算了，這麼做很沒意義。創意是無窮無盡的。**像右頁的照片那樣，把LOGO加上一句話斜斜地印成透明膠膜貼上瓶身，或者若是有多種版本、型式的產品，只是印上一個數字也很酷。包裝設計就是要開心，覺得開心就贏了。

如何利用黑白照片做出很酷的標籤

告訴各位一招萬能又簡單的改善容器、瓶子類的設計技巧。那就是「用黑白照片做出很酷的標籤」。右頁即是實例。光是這樣就讓人分外感覺到一股經過品牌打造之感。把黑白照片的一部分印成彩色也不錯。任何照片皆可。製作產品的師傅手部特寫很帥，原物料產地的美麗風光也很迷人。買舊照片來用也很有意思。比方說，上網搜尋〈Shutterstock〉就能用便宜的價格買到全世界的精采照片，包含版權在內（第142頁會再詳細說明）。**既然用照片，就盡可能放大，不要只是當作插圖使用。一定要用照片當主角，否則無法產生視覺震撼。因此，如果想放文字，把字壓在照片上是正確的做法。**盡可能使用英文字母。基本上不要有日文字！

TŶ NANT

JUICE FO
TOMATO
HORI FARM SPEC
ASAHI-MATCH, YA
DON'T LIKE TOMATO
TRY THIS
FOR
TO LOVER
SPECIAL
CH, YAMAGATA
OMATO JUICE?

ecostore
+ safer for you
lemon
dish liquid
Tough on grease.
Gentler on hands.
ecostore
+ safer for you
citrus
fabric softener
Freshly scented
fabric care.
14
+ safer for you
citrus
fabric softener
Freshly scented
fabric care.
14
FULLERY
BOTANICAL
N°01
FULLERY
BOTANICAL

STRATEGY 03

購買決策 八成由女人做主

凸顯有機感，光是這樣就給人好印象

我再分享幾個思考容器和瓶子設計上的提示。在不分男女老幼都追求健康的現代，我想當作一個選項提出的是，感覺「很有機」的瓶子。**不僅健康，而且感覺很有機的容器，會給人關心環境的印象。**那麼，要如何表現出有機感呢？首先，整體而言就是讓它單純化。不能放太多文字。如果是印刷文字，部分文字選用感覺像手寫的字體會更凸顯自然派的氣息。而且要選擇天然未經漂白或感覺像再生紙的紙張做標籤。和砂糖一樣，人們覺得帶點褐色的砂糖比純白的砂糖要有機。這世上有許多為了讓人對產品有好印象，即使內容物對健康和環境並不全然有益，但看似有機的瓶子和容器。擺明地欺騙固然不可以，但這確實是一種手法。

並非所有女性都喜歡粉紅色和碎花圖樣

明明在進行女性產品的品牌打造，但不知為何會議室裡只有男性……這是常見的光景。何況產品品牌打造要做的不是「針對20多歲女性……」這種不精確的討論，而是要打造絕對會受假想顧客歡迎的產品，想光靠男性渡過難關並不高明。一旦只有男性參與討論，往往很快就決定「做成粉紅色、做成碎花圖樣」。但不是所有女性都想要這樣的產品。也有喜歡黑色，或覺得骷髏頭圖樣很可愛的女性。所以這地方要**根據做成海報的人物誌進行討論，加入女性成員，深入挖掘有關容器的創意。**不僅顏色和設計，連使用情況、攜帶和擺放的場所都要一併討論。就算你負責的不是女性產品，**在先進國家直接或間接做出購買決定的，有八成是女性。沒有女性的意見是不可能的。**

雖說男性喜愛車子，但太太的意見對家用車的選擇很有影響力。購買意向掌握在女性手中。

STRATEGY 04

愈簡單 愈有品牌的感覺

設計是 寧刪減勿添加

許多公司想凸顯產品的優點，於是在瓶身和容器上寫滿文字。然而品牌化是要用最少的文字和意象販賣產品，這是基本形。一起來思考到底怎麼做才能即使說得不多也能吸引顧客購買。**「寧刪減勿添加」**即是表現這種態度的口號。**團隊成員隨時隨地交換意見，最後一定能討論出簡單但瀰漫優雅氣息的瓶子或容器！**〈無印良品（MUJI）〉也許就是很好的例子。〈MUJI〉的瓶子和容器包含外包裝在內，總是美得讓全世界的人著迷。右頁登載的品牌實例，和〈無印良品〉的產品一樣採用簡樸的設計。美國有所謂的「KISS原則」。它是取「Keep It Simple, Stupid!」的第一個字母組成，意思是**「讓它保持簡單，你這笨蛋！」**。沒錯，一旦設計得很複雜就會挨罵。

假使要添加點什麼 就加入對產品的情感和故事

雖說寧可刪減勿添加，**但如果可以希望能加上這個——「創業者或製造者對產品的情感」**。不是從公司角度發布的故事，用個人口述式的文體、手寫的簽名和講述者的臉部插畫，製造出的效果最好。內容可以是產品開發的祕辛，或是描繪未來的遠景。盡量不要超過150字。若能讓讀完的人覺得「這個真不錯」，因為這個故事而使產品的價值上升幾個百分點，就算達成目的。實際上美國食品類的包裝經常可見「製造者的心情感受」。其故事以「過去一直在尋找怎樣的產品卻毫無所獲，因而自己製造」這類創業型的居多，很有創業大國的樣子。但其實誘導人做出購買決定，包含支持那項產品的成分很大，**即使是沒聽過的公司的產品，附上頭像、簽名，信任感立刻增加**。其照片請見第159頁。

敏感肌用薬用美白
ールインワンジェル
ALL IN ONE GEL
乳液・敏感肌用
しっとりタイプ
MOISTURISING MILK
MOISTURE
greenvines

LEWIS ROAD CREAMERY
PURE ORGANIC Milk
The ORIGINAL
750ml
HOMOGENISED
100% RECYCLED PLASTIC

いいアイデアが浮かんだけれど、うま
くいくか不安な時、みんなに聞くのは
一つの方法です。私たちはそうしまし
た。1999年。ロンドンの音楽フェス
に出店し、こんな看板を出しました。
「今の仕事を辞めて、このスムージー
を売ったほうがいい?」そしてYESと
NOのゴミ箱を置きました。週末には
YESがいっぱいになり、NOには数本
のみ。私たちは会社を辞め起業しま
した。あれから20年。どうか、あなた
がNOと言える
日本人ではあり
ませんように。
NO
YES

STRATEGY 05

如何利用其他業界的包裝在自己的業界脫穎而出

在陳列架上一枝獨秀的包裝新構想

「品牌戰略＝引人注目」，也有這樣的見解。只要能在店裡引人注目，伸手拿取的人就會增加。只要感覺那樣產品在店裡很醒目，就會有更多採購員願意進貨。因此**這裡要告訴各位一個可以簡單讓產品引人注目的方法，就是「把其他業界所使用的某樣元素」運用在你的業界**。右頁的〈Amino Mason〉是採用獨自開發的胺基酸為配方的洗髮精品牌。其瓶子的設計和以往的洗髮精瓶相距甚遠，是會讓人聯想到食品界常用的罐子，十分新穎。在店裡總是很引人注目，因為它的獨特而不禁伸手拿起進而購買的人應該不在少數（我也是其中之一）。假使它使用的瓶子沒有脫離髮妝產品的常識範圍，就算內容物再怎麼優良，恐怕我在店裡也不會注意到它的存在。另一個例子是德國的鞋帶。也是同一類的創意，其包裝做成像試管。

撥動當代心弦的品牌一直以來的思索

前面一直在談包裝和瓶子，最後想為各位介紹台灣的髮妝品牌〈歐萊德（O'right）〉。這是一家靠理念、活動、設計、產品實力甚至是總部的建造，吸引全球注目和尊敬的企業。順帶說一下，〈歐萊德〉把自家總部稱為「綠色總部」。簡單介紹一下他們的洗髮精瓶，**這瓶子滿載著他們發自內心為環境保護著想的哲學**。右頁照片裡的瓶子是用萃取自蔬菜水果的澱粉製成，瓶蓋則使用成長快速的竹子做材料。**100%的生物可分解性，埋在土裡1年即可回歸大地**。但還有更令人驚訝的事！他們**在這瓶子的底部置入種子，做成就算使用者隨手亂扔瓶子，1年後瓶子不但回歸土壤，種子還會發芽**，在那片土地上生根。真是令人激賞並使當代為之悸動的構想和貫徹執行力。

Amino Mason
MOIST
WHIP CREAM SHAMPOO
AVOCADO & Manuka Honey
Amino Mason
MOIST
Manuka Honey

ST.PAULI
YOU'LL NEVER
NEVER WALK ALONE
ST.PAULI

Caffeine
Shampoo
250ml

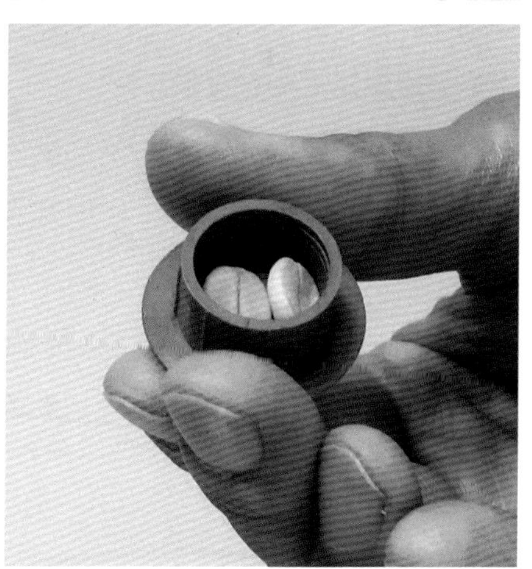

STRATEGY
06

為提升產品價值 明天起就能做的事

也要讓與產品有關的地區 顯得有價值

我在第78頁中談到品牌打造不能只是標示「Made in 什麼地方」，而要採用「Designed in Brooklyn：Made in Japan.」這樣的標示，讓人感覺更有價值。在那之前，我在第66頁也談過，土地本身即具有品牌力量和既定印象，所以利用土地這項特點也是一招。**就算冠名的土地知名度非遍及全國，還是可以提高產品的價值，全看製造者怎麼宣傳**。例如夏普電視的〈龜山屏〉。也因廣告力量強大，名氣瞬間擴散，當時確實感到極具價值。然而實際上，恐怕很多日本人連龜山工廠位在三重縣都不知道吧?!現在的話則有DESCENTE的〈水澤羽絨〉。這是在岩手縣水澤市製造的羽絨外套，因為名稱給人的神祕感而成為暢銷全球的產品。談包裝的創意一定會提到它。價位雖高，但現在已是熱門產品，每季都銷售一空。

以連條碼 都要設計的氣勢！

「品牌打造之神藏在細節裡」。這是我在提供諮詢時經常會說的一句話。**要看到包裝細部才會發現的設計，能不能有這樣的用心和玩心雖然事小，但對品牌打造的成功與否影響巨大**。因為那「想讓人快樂、感動」的微小態度和行動也會表現在今後的待客、印刷品、網頁等地方，逐漸積累成與其他公司的巨大差異。另外，**有一個任何人都會玩的「細部」設計就是條碼**。假使你的產品包裝要附上商品條碼，那麼在那設計上玩些花樣說不定也很有趣。例如〈樂天小熊餅乾〉，仔細看會發現它也利用條碼玩設計。我以前出版的書也在封套的條碼上玩花樣。有一家專門從事條碼設計的事務所叫〈Design Barcode社〉，能設計出不妨礙讀取的條碼，許多公司都會請他們設計。

水沢
MIZUSAWA
DOWN
NON-QUILT WATERPROOF DOWN

これは
イメージです
パッケージにある絵柄が
入っているとは限りません。
3066254
490333
湯ったらこ
4901330575786
カルビー株式会社お客様相談室
0120-55-8570
〒100-0005 東京都千代田区丸の内1-8-3
製造所固有記号

Nice!
Good!
9784479793342
1920030014008
978-4-479-79334-2

STRATEGY 07

品牌打造成敗的分水嶺在最後的10%

包裝和印刷品的最後10%也不能鬆懈

如前頁所示的條碼設計那樣講究，**連那樣的枝微末節都想讓人快樂、感動的態度，在提供專業諮詢服務的現場稱之為「最後10%的堅持」**。任何公司在周遭各種專家和協力廠商的協助下，都有辦法讓品牌打造完成到近九成。然而，決定成敗的是最後10%的堅持。依據過去的經驗我敢說，現在所談的包**裝、印刷品、待客和網頁等與產品有關的所有面向，能夠堅持做到最後10%依然不鬆懈的產品，最後一定會成功成為獲得世人支持的品牌**。事實上，10人中只有1人會注意到那種細微的堅持。但請試著反過來想像顧客發現時會發生什麼事。也許會在網路上發文：「好厲害！連條碼都變成這樣」，或是告訴其他人，最重要的是從此成為不只是一般顧客的忠實愛用者。

最後10%的堅持意謂著玩心，也是關懷

「最後10%的堅持」的真面目為何？用前面已出現的「堅持」和「玩心」來理解它並沒有錯，但這裡我想再加上一樣，就是「關懷」顧客的心。右頁下方是幼兒用餐具〈iiwan〉的相關印刷品。仔細看會發現，這些印刷品全是圓角。而且是刻意這麼做的，並非偶然。雖然成本較高，但連名片也採用圓角。其背後有著「因為是兒童用產品，四周一定有小孩。我不希望小孩的手被紙割傷」這樣的用心。實際上，這樣的擔心也許是多餘。可是，批發商在推銷時，或零售店在對客人介紹時一旦提到這圓角的祕密，聽的人一定會覺得有點感動。另外順便說一下，它的名片有4種顏色，和產品的顏色選擇一樣。每位員工都隨時帶著全部4種顏色的名片，交換名片時會先問：「喜歡哪一種顏色？」再遞給對方。這也是抱持著「玩心」的設計者，最後10%的堅持。

最後10%的堅持將是推銷現場和對媒體講述的重點。讓我們在細節處調皮一下，放進有智慧的設計吧！

STRATEGY
08

無論如何一定要美觀
且占據賣場大面積

設計之初就要
考慮收藏性、連動性

我從容器和瓶子慢慢談到了外包裝，現在一起來思考你的產品大量排放在零售店裡的情形。你的產品在零售店的樓層或貨架上占的面積愈大就愈醒目，獲得顧客購買的可能性也會增加。因此一開始就要考慮「多數排在一起時的美感」。**想出一個讓店家也忍不住想「盡可能多擺一點」的設計吧**。以最近來說，明治的〈THE Chocolate〉在零售店的貨架上很搶眼，這正是很好的排起來美觀的設計案例。聽說店家也很樂於擺放。即使是沒有口味或款式變化的產品也沒關係。比方說，還記得〈吳羽保鮮膜〉花紋時期的包裝盒嗎？它雖然只是單一種類的產品，但排列起來便成了一幅畫。像右頁那樣組合起來的技巧，出乎意料地容易。

連紙箱都考慮到
才是品牌

「紙箱是很出色的廣告媒體」。我在演講時這麼說，立刻會得到聽眾附和，然而10家公司大概只有1家會真的設計很酷的紙箱。真可惜。不論是送貨中或作為存貨堆積起來，紙箱都宛如招牌般地引人注目。**「做其他人不會做的事」是品牌打造的基本態度。既然其他公司沒有投注心力在紙箱上，那我們就來做**。在注重環保的時代，一開始就提醒人再利用的話，會給人好印象。章魚店〈小沼源七商店〉會建議顧客收到章魚後，把紙箱當作CD盒利用。岩手縣盛岡的精釀啤酒品牌〈BAEREN〉，以圖標的方式將岩手縣的名勝和名產鑲印在紙箱上，好可愛。它能夠一口氣成長為岩手縣民引以為傲的啤酒，就是因為這最後10％的堅持！服務業也有一個例子。山陰地區的搬家、貨運業者〈流通〉充分利用紙箱的顏色，採用白色印刷，使得支持率和保存率都很高。

CHARITEENS

NEW クレラップ
まん中か
NEW
まん中
KUREHA
Pink Ribbon

RYUTSU
http://ryu-tsu.jp
創業明治二十三年
小沼源七商店
厳選
謹製
七
たこ一筋
HIRAISO
made in Iwate
BAEREN
1-3-31, KITAYAMA MORIOKA, IWATE, JAPAN
www.baerenbier.com

STRATEGY 09

照片的良窳 大大影響品牌打造的結果

產品的照片一定要高品質

產品品牌打造絕對值得傾力去做的是產品的照片。只要有高品質的照片，對製作網頁和手冊的設計也大有幫助。拍產品照稱為「靜物攝影」，但不是只在攝影棚裡調整好燈光、陰影、布景拍照而已，還要有看得出你的產品質感的近拍照，呈現產品占用的空間、狀態、使用者使用中的情形，以及製造過程等的照片，愈多愈好。官方照確實值得花費成本，不應該用智慧型手機打發它。你所經營的產品，不論如何，務必以「使用業界第一酷的照片」為目標。比方說，即使那產品是筒裝瓦斯，重視品牌打造的福島〈阿波羅瓦斯（APOLLO GAS）」就會拍出右頁那樣的照片。若是一般的瓦斯公司，會議室裡根本不會出現「用很帥的照片表現筒裝瓦斯……」這種話題。

現在已聽不到的產品靜物照的準備作業

和設計師一樣，攝影師也有擅長與不擅長的領域，大致可分為擅長人像攝影、擅長風景照和擅長拍靜物的攝影師。光是「拍靜物」又可進一步細分，專門將餐點拍得引人垂涎的人、拍出高級手錶和珠寶等的光彩的人，把自行車、汽車等交通工具拍得很吸引人的人之類的。總而言之，這裡在談的是產品品牌打造，所以要選擇擅長靜物攝影的人，至少也要選擇有靜物攝影經驗的人。此外，上網搜尋就能找到出租用的「靜物攝影專用攝影棚」，那裡會備有相機、燈光、漂亮的布景。多數採自助制，自己負責拍攝，如果員工中有人會靜物攝影，就可以利用這一類的攝影棚。假使要積極採行網路販售，乾脆就在自己的公司設置一間像攝影棚這樣的空間吧。

APOLLO GAS
IIZAKA
FUKUSHIMA
024-542-1122
APOLLO
GROUP
STARS WORKING TOGETHER

▶ 13:30～ 学校説明 #1
▶ 14:30～ 学校説明 #2
説明 #3

STRATEGY 10

照片要維持高水準的品質

問世產品的照片要統一色調

利用智慧型手機的編輯功能為照片添加效果就會一目了然，照片確實有溫暖和冰冷之別。除此之外，還有「帶點藍色」或「整體微黃」等色彩比重和景深深淺之分。像這種**照片的表情和氣氛稱為「色調」，只要是和你的產品有關的照片，請讓色調統一**。要是印刷品上登載的照片每一張的色調都不一樣，看的人不會感覺它已建立品牌。但很遺憾的，這樣的公司很多。或許是懷疑「客人會看得這麼仔細嗎!?」。顧客確實不會看到每一個細節，可是他們會有感覺。**會讓人「感覺很棒」的照片，色調果然都一致**。這是東日本大地震後，張貼在岩手縣內多處，為重建地方的一系列海報〈復興的狼煙〉。其力量不僅來自文案，也來自統一的色調。

不僅印刷品，就連每天透過網路發送的訊息……

前面談的是關於印刷品方面，但我希望你**連每天透過SNS上傳的照片也要努力統一色調**。可以設定很簡單的原則，例如若是兒童用產品，就規定「只能上傳色調柔和的照片」。只要事先決定要用何種效果處理照片，並規定「只上傳有加濾鏡的照片」，任何人都能輕而易舉地做到。若要再介紹難度高一點的做法，比方說以藍色為基調的產品，可以規定所有照片的某個角落都要放上「藍色的○○」，並進一步將照片整體加工成帶點藍色，然後再上傳。持續這樣做到某種程度的話，就會有人注意到你對於維持色調的用心。生來就會使用智慧型手機的現代高中生，其實很自然就會「統一色調」。實際上，我在第一學院高等學校講授品牌打造課程時，學生們不用我教就懂得利用SNS發送訊息時要經過編輯，將照片的色調調整到一致。

會商討論時一定會出現色調＆風格這兩個詞。色調＝質感，風格＝氣氛。簡單說就是「該有的樣子」。

STRATEGY 11

除了產品本身的照片，若有這類照片會很好用

與產品有關的意象照會起作用

產品的網站、SNS、廣告摺頁等的印刷品上，**需要的不只是產品本身的照片和製造過程的場景。品牌打造還需要與產品相關的、範圍更廣泛的意象畫面**。比方說，產品製造地的風景。透過照片讓顧客感受產地附近的山巒、林木，如果有這樣的照片會很棒。右頁是製造化妝水充填機等機具的〈NAMIX〉公司辦公室和周邊風景的照片。〈NAMIX〉以港口印象強烈的橫濱為根據地，但公司的四周一派閑靜。若在產品型錄裡穿插這一類照片，顧客腦中對產品和公司的想像就會更為漲大。**比起老王賣瓜式地一味展示產品的照片，品牌打造更重視意象**。再怎麼用文字敘說「用凜冽的空氣和澄淨的水製造出……」之類的，還不如用照片呈現、讓人們去想像來得重要。

製造者或開發者的神情及工作的身影也很酷

也要利用酷酷的照片將產品製造者工作的模樣或開發者的神情向世人傳播。手藝師傅多半不習慣成為被拍攝的對象，覺得難為情，但也因為這樣，若能拍出很帥的照片，就能和其他公司做出明顯的區隔。若能努力拍出像右頁那樣的照片最好。火星四射的照片是福井鐵工廠〈291 IRONWORKS〉的師傅，這家工廠還會製造、販售原創產品。名副其實的「製造者的手」，是相當好的近拍照。做成黑白或深褐色的話，更顯得老練……。開發者的照片適合截取自「採訪中的一景」，而不是那種正面或眼睛看著鏡頭的照片。這時如果不穿工作服，而是穿白襯衫或黑色的布衫，背景和光線也做成像在攝影棚拍攝的感覺，那就更好。服裝和背景採用黑色或白色，可避免看的人接收到不必要的訊息，這點很重要。**讓人從照片完全感受到開發者的極度正直、真誠吧。**

NAMIX的辦公室和周邊的照片

291 IRONWORKS師傅的照片

一年一次，請攝影師來辦公室或製造現場，花一天的時間拍攝工作情景和周遭的景象，應該不錯。

STRATEGY 12

使用者的照片對打開銷路最有效

使用者的照片會讓人有點嚮往

產品品牌打造中不可或缺的是「產品使用者的照片」。但不是型錄上常見的那種純粹是產品被人使用的畫面，既然是品牌打造，就要更高層次的照片。**我要的是，使用者在「良好情境」下使用產品的照片。**這裡所說的「良好情境」，可能是空間，可能是時段，可能是使用者周邊的人等。當然，使用產品的正是你在人物誌中描述的顧客類型是最理想的。如果是幼兒用餐具〈iiwan〉的情況，就要備齊像右頁那樣的照片。目標是要讓看到照片的人覺得「真好，我也想像他那樣做」。所謂的品牌打造，即是一種讓產品顯得很特別的挑戰。**產品＋使用者＋使用情境的照片，若能讓看到的人覺得有點嚮往，那就是好的照片。**

外國人光憑這些照片就能理解產品嗎？

前面介紹了產品品牌打造上最好要有的照片類型。假設你全部備齊，而且像相簿那樣擺放，讓它散布在網站或冊子裡。現在我要問你，即使是不懂日語的外國人看到也能理解你的產品嗎？可以讓那位外國朋友光看照片便明白你的產品的價值或與其他產品的差異，單靠意象便覺得「好像很棒」嗎？**品牌打造就是「演繹出好印象」。而且不是用文字，是靠意象演繹。所以最好的品牌打造就是「光靠照片和包裝便達成」。**我在第26頁也說過「品牌打造即是綜合性的溝通活動」。你的產品的買方也許不是外國人，但如果不用語言文字就能將你產品的好傳達給外國人知道，那在地人不分男女老少，一定更能強烈地感受到。

要將消費者實際使用產品的照片傳遞出去

使用外國人看了也能理解產品價值的照片

漁夫、大海和製造現場都整潔美麗！湯頭的味道一定很純淨……

產品品牌打造中，有愈多優質的照片愈好。不只用於印刷品上，還可用於SNS等。

STRATEGY 13

照片威力的補強 不夠力就用買的

需要更多意象照時 也可以從世界各地購買

如果覺得有助順利傳達產品魅力的照片還不夠的話，**現在這年頭，5分鐘就能搜集並購買到世界各地的照片。遇到這種情況，〈Shutterstock〉和〈Amanaimages〉之類的網站會很方便**。首先一定要搜尋。比方說利用〈Shutterstock〉搜尋。有幾種方案可以購買照片，原則上要先挑選照片，然後支付那張照片的使用費。以我撰寫本書的時間點來說，1張數十圓～1500圓不等。也可以簽約採用月費的方案。最受歡迎的方案是每個月不超過350張的話，可不限次數下載自己喜歡的照片，而且只要22,000圓（每月），絕對不算貴。另外，**網站裡搜羅世界各國的插畫，有許多在日本看不到的筆觸，也可以利用**。版權方面則因照片而異。每一張照片都附有說明，但大多數都能隨意使用，也可以加工。實例登載在右頁。

搜尋照片有技巧 例如這種搜尋法……

〈Shutterstock〉網站每天會新增20萬件以上的照片、圖片。好的照片、圖片確實很多，但能不能找到則要看你的搜尋眼光。假設你的產品是橄欖油。儘管親自到西班牙的產地出差，但在當地拍攝的照片總覺得差了一點，找不出一張可以用於回國後要製作的廣告摺頁上的照片！……這種時候就輪到〈Shutterstock〉上場了。用「西班牙 橄欖油 田地」搜尋就會出現眾多照片。但正如第138頁談過的，最好是意象照。在「西班牙 橄欖油……」之後加入「搾油」或「農家 手」等字詞，可進一步縮小搜尋範圍。另外，**由於它是美國的網站，用英文搜尋比較準確，且能找到比較多的照片**。右頁是福岡sukoyaka工房進口、販售的橄欖油〈olive heart〉。產地是西班牙，搭配買來的照片也十分和諧自然。

西班牙　橄欖油　田地

使用購買的照片時是否要標示出處等，請遵照購買照片網站的規定。

STRATEGY 14

品牌打造 如何看待廣告模特兒

要用外國人 還是日本人的爭論

「如果要用模特兒，那要用外國人還是日本人？」我想團隊內部也會出現這樣的討論。若想拓展到海外或瞄準外國遊客的話，起用外國人當模特兒的確很好。可是我希望在進行產品品牌打造時，任何事都要回頭檢視人物誌（及產品概念）。**起用「完全符合」你設定的目標客群的人當模特兒，讓看到照片或冊子的顧客覺得「這個適合我」，這是我希望各位首先要掌握的品牌打造基本形。**有這樣的經驗之後，再進入起用外國人或與眾不同的模特兒這種需要精心設計的階段。也許有人會問：「那使用藝人或職業選手呢？」假使承擔得起那費用和風險，當然是可以。沒有理由禁止。不過，本書的其中一個目的是，希望各位不要將品牌打造的工作整個扔給廣告公司或顧問，要把它變成貴公司的血肉或看家本領。第一步就是熟練基本形！

既然要用模特兒 就把這件事也變成話題

如果是中小企業要進行產品品牌打造，我覺得可以不必找模特兒經紀公司的專業模特兒。中小企業的媒體曝光和廣告資金都不如大企業，**因此「一舉一動都要製造話題、引起媒體報導」的氣魄很重要。這時要盡量利用創意來突破。**比方說，在地方上公開招募模特兒人選，同時兼作宣傳。右頁上方是鳥取縣的搬家公司〈流通〉招募在地家庭拍攝新電視廣告時的訊息報導。即使只是這樣一則訊息，發布出去就可能成為一則新聞。另外**就公司的立場，「經常以工作人員為模特兒」也會在很多時候成為顧客之間的話題。**擔心效果？放心吧！右頁是一群把番茄汁做成產品的高中生自己擔任廣告模特兒的例子。這就是完成的影像！創自丹麥的〈飛虎（Flying Tiger）〉雜貨店的廣告模特兒同樣全是自家的工作人員。

從地區招募廣告模特兒一般使用的方法

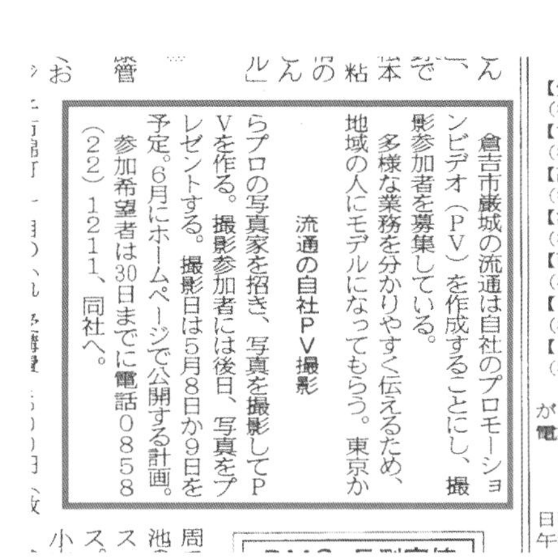

流通の自社PV撮影

倉吉市巌城の流通は自社のプロモーションビデオ（PV）を作成することにし、撮影参加者を募集している。

多様な業務を分かりやすく伝えるため、地域の人にモデルになってもらう。東京からプロの写真家を招き、写真を撮影してPVを作る。撮影参加者には後日、写真をプレゼントする。撮影日は5月8日か9日を予定。6月にホームページで公開する計画。

参加希望者は30日までに電話0858（22）1211、同社へ。

起用工作人員擔任模特兒的實例

STRATEGY 15

產品品牌打造過程中要準備的風格示範

將時裝界的常識帶進你的業界

只是將其他業界平常在做的事帶進自己的業界，常常就會被人讚賞「有新意」。前面一直在談高品質的照片，**現在也許就可以把備齊的照片做成「風格示範（Lookbook）」。在時裝界，Lookbook現在已是常識，各大品牌都會準備一本。**如果要用一句話來描述，Lookbook就好比型錄的進化版。其形態有時是紙本的小冊子，有時會做成PDF檔放在網站上或做成網頁公開。裡面不會放產品介紹文字和尺寸表等，多半也不會標示價格。**總之就是由產品的使用情境照片編排成，像是品牌攝影集那樣的東西。**右頁是風格粗獷的家具品牌〈UP TOWN〉的部分風格示範內容。〈UP TOWN〉是由總部設在佐賀縣諸富町的〈東馬〉公司所開發的家具品牌。

很麻煩？其實你早已在做了

看〈UP TOWN〉的Lookbook其實分不出哪些是產品，也不知道多少錢，哪有可能立即帶動購買。可是，我想多數人看到這麼多美麗的照片，心裡都會抱有「好好喔，真漂亮。我也想把自己家布置成那樣」的這種憧憬。這就對了。這正是Lookbook的功用。**傳達品牌的世界觀，即使無法立刻熱銷，也能讓人慢慢地變成粉絲！**假使感覺似乎可行，務必也為你的產品製作Lookbook吧。什麼？很麻煩？不不不，你放心，**只要照著前面所說的備齊照片，你的品牌風格示範便已完成一半。**將照片匯集起來，決定頁面分配，剩下的就只需決定要做成冊子，或是公開在網站上。何況若已經有在經營IG的話，那樣雖然也不錯，但再進一步做成Lookbook吧！品牌感會大增。

截取自家具品牌〈UP TOWN〉的風格示範

STRATEGY 16

印刷品給人的印象也很重要

品牌打造 對印刷品的看法

連續談了許多照片的話題，接下來要談的是印刷品。無紙化時代的呼聲由來已久，但商業界的用紙量依然未減……。簡介手冊、廣告摺頁、單張傳單、海報、名片、小冊子配上銷售文宣，我們在產品推出上市時，各個方面至今仍然很「倚賴紙張」。雖然有點重複了，但若要先告訴各位重點，就是「**既然要打造品牌就不能有一堆文字。被稱為品牌的產品要透過意象傳達其魅力**」。我之所以先談照片，再像現在這樣談印刷品的整體，也是因為「意象（照片）是主角，並且很重要」。我還有更先進的構想，比方說，假如你的產品與環保有關，那這時「盡量不製作印刷品」也是一種打造品牌的方法。另外，如果你的產品很先進且具有未來性，也可以挑戰拒絕使用紙張作為媒材，改採「只需QR Code＋智慧型手機」的做法。

不能只有設計 連紙質都要避免自相矛盾

收到設計師以電子檔形式交出的優秀設計就放心了，其實還太早。**產品品牌打造還要注意印刷用紙的選擇。由於紙質也會影響收到印刷品的人的印象，因此這部分也要貫徹產品的概念，不能有絲毫牴觸。**舉個例子，你正在進行品牌打造的產品屬於環保類，但相關印刷品卻用光溜溜的光面紙印刷的話，可就「與形象不符」。使用未經漂白的紙張，或有點粗糙的再生紙才能完整傳達出環保的訊息。至少也要選用無光澤、帶有磨砂感的紙張。同樣的，明明是兒童用產品，印刷品卻使用散發夜晚鬧區香氣的紙張也很奇怪，而高價位的產品使用極薄的紙張也確實感覺很不搭軋。紙質也是設計的一環。連紙質也能不牴觸產品概念。要與設計師合力堅持品質到這樣的地步。

環保產品的印刷品卻「沒有該有的樣子」!?

印刷品不僅要傳達品牌的世界觀，其質感、觸感同樣會影響收到的人的印象。

STRATEGY 17

挑選印刷公司也是品牌打造的分內事

拿出勇氣脫離現在往來的印刷業者

既然在談印刷品在品牌打造中的意義，那也連帶談一下印刷業者。假使你如前文所述，連紙質也不想輕易妥協，而你合作的印刷業者卻沒有多方提出更好建議的話，那麼他也許就不是個合適的品牌打造夥伴。若是內部有對品牌打造有研究的業務專員和設計師的印刷公司，那就毫無問題。然而根據我過去的經驗，出乎意料地就是會有印刷公司的業務專員以「這種事我們不會」或「這種事做了也是白做」為藉口，阻止你們公司的品牌打造構想。**品牌打造需要的是，想和你一起成長的印刷業者（的業務專員），以同樣的熱情，為了將你的構想在預算範疇內化為具體形貌，願意幫你動腦筋想辦法並付諸行動**，這段話同樣適用於包含紙盒或紙袋等的合作廠商。你現在合作的印刷業者如何呢？

靈活運用網路進稿的印刷業者和實體印刷業者

印刷品也分為很多種，有必須追求品質的和不需講究品質的，或是特殊的印刷品。**分別發包給不同的印刷業可降低成本**。像是活動通知或小冊子那種「隨處散發」的印刷品，建議利用網路進稿的印刷業者。具有代表性的就是電視廣告中的常客〈PRINTPAC〉。雖然是網路進稿，但想要更有時尚感的話就是〈GRAPHIC〉。另外，要營造高級感的話，使用燙箔這種技術可能也不錯。這時就要找有燙箔設備的印刷業者，請他們製作。否則會被轉包給有能力做燙箔的印刷業，多出額外的花費。以區域來說，金澤周邊有很多擅長燙箔的業者。例如石川縣白山市的〈太田印刷〉就是在燙箔方面評價第一的公司。總而言之，就是**要認清印刷業者擅長和不擅長的領域，依印刷品需要著力的程度挑選適合的印刷業者。同時也為了提升經驗值，享受這整個過程吧！**

選擇願意和你一起接受挑戰的印刷業者

網路進稿型的印刷業者

Merit

- 便宜（如果是急件，多半反而較貴）
- 不需要事前會商討論，可節省時間
- 整年下來可能節省不少經費
- 可以在網路上比價，選擇最便宜的

有實體店面的當地印刷業者

Merit

- 可以事前確認紙質
- 印刷前可以確認有無進稿失誤等
- 印刷業者會在地方上幫忙宣傳
- 在地方上往來時不會尷尬

我常常受邀到印刷業者聚會的場合做專題演講，許多印刷業者都持續在進化中。很期待他們的反攻。

STRATEGY 18

印刷品的文字也要制定規範

設定符合產品形象的標準字體

中華料理店張貼的「中華涼麵開始供應」公告令我印象深刻，所以我把公告所使用的字體稱作「冷中體」。各位可有印象收到過高級進口車經銷商使用這「冷中體」印製「週末歡迎駕臨附近的賓士汽車」的夾報傳單？我想應該沒有。因為「冷中體」給人通俗、輕佻、低價位的感受。不符合像是德國車那樣高級品牌的形象，所以他們不會使用。你的產品亦然。不是隨便每次想用什麼字體就用什麼字體，**要事先設定規則，選定幾種印刷品可使用的字體。否則可能會因為字體而破壞了產品的品牌形象。**可想而知，應當挑選符合人物誌的設定和產品概念的字體。但要小心，太過特殊的字體可能會因為電腦系統相容性問題而變成亂碼。規定使用明體、黑體系列也OK。

內部簡報和給協力廠商的文件也要貫徹執行

一旦定出品牌打造中的產品「標準字體」，那字體便不只適用於針對顧客製作的印刷品。公司內部簡報、B2B的銷售簡報、給協力廠商的文件等，同樣只能使用標準字體製作。**品牌打造必須伴隨著「制定規則後，全體相關人員都要遵守」的行動。**今後必須對零售商店和協力廠商公告「為維持品牌形象，文件等請使用○○字體」的你，若帶頭違反規定，未來前景堪慮。**作為發布訊息者的我們，對內文件也只使用標準字體的話，產品「該有的樣子」和「世界觀」自然會更快滲透進相關人員之間。**反之，對此輕忽大意的話會發生什麼情況呢？各個與產品有關的人和處所開始用自己喜歡的字體製作POP廣告和傳單，要操的心更多。

印刷品所使用的字體也要有一致感

我們不會收到高級車的品牌用這種字體印製的夾報傳單。

週末はお近くのディーラーへ、
キャンペーンやってます！！！！

※週末歡迎蒞臨車行舉辦的活動!!!!

9/13（五）～15（日）

週末感謝祭
展售會

字體也會賦予人印象。顧客不僅從文句，也會從使用的字體接收到產品的印象。

STRATEGY 19

未考慮到社會觀感，再精湛的文章也枉然

※本頁之字數說明皆以日文字數為準。

若要打造品牌就要注意字數

透過有關招聘的研究，我們得知現在的女性「不會讀600字以上的文章，不願意讀，讀了也無法理解」。男性則是800字。換句話說，就企業的立場，即使取中間值，**我們發出的訊息不能超過700字。實際上我認為那樣的文字還太多。以我親身體驗來說是400字**。不論印刷品或網路，很遺憾的，現在能夠集中精神讀完400字以上文章的人少之又少。可是，一定得寫到超過400字的話，應該怎麼辦呢？這時就要用標題分段。加上小標再寫400字……。每400字就需要加上標題，如此重複進行。這是品牌打造在製作印刷品時要注意的字數部分。好不容易寫出的故事若沒人閱讀，等於沒寫。本書也是以1小節400字以內、左頁的標題1行不超過13個字為原則構成。

若要打造品牌就要使用不傷人的表現

即使只是一件印刷品或一則網路文章，正如我們前面所談的，品牌打造有許多要做、要考慮的事。就算你順利完成這些部分，但文章裡區區一個用語就可能瞬間摧毀你前面一點一滴累積起來的成果。那就是「過時的表現」。比方說，作為企業，現在如果寫「殘障者」會給人有點陳腐的印象。儘管實際詢問身有殘疾的人也有人覺得「無所謂」，但現在普遍的稱呼是「身障者」。總之就是**「使用不會傷害任何人的最進步且符合常識的說法」。這種現代正確的說法，我們稱為「政治正確」**。它一直在變化。而且社會大眾的目光愈來愈嚴厲。你發出的與產品有關的訊息若徹底注意這一類用詞用字，即可避免遭到輿論攻擊，予人最新且用心周到的品牌印象。

政治正確一覽表

以前的說法		現在的說法
（美國的）黑人	→	非裔美國人
印地安人	→	美洲原住民
愛斯基摩人	→	因紐特人
LGBT	→	LGBTQ
Homo	→	Gay
癡呆	→	失智症
耶誕快樂	→	假期快樂
Chairman	→	Chairperson
殘障者	→	身障者
空中小姐	→	空服員
護士小姐	→	護理師
保姆	→	保育員
人格異常	→	人格障礙
老外	→	外國人
乞丐	→	無家可歸者
胖子	→	代謝症候群

也有人認為太過講求政治正確了⋯⋯。不過，產品品牌打造最好還是謹慎一點。

STRATEGY 20

品牌打造 必不可少的故事

你的產品 需要有故事策略

我經常聽到「故事策略」一詞。可是也因為這句話不脛而走，所以會看到企業無論如何就是要講故事，講產品的有的沒的。而且很遺憾，其中還有不少變成像公司沿革史那樣冗長，難以下嚥，又感覺不到重點……。如同前文已告訴各位的，現在這個時代長篇文章無法打動人。一般人看到一大堆文字根本不會想讀。但話說回來，你的產品要建立品牌絕對少不了「故事」。**幾乎可以認為「品牌打造即等於故事策略」，故事對你的產品來說是不可或缺的。不過，一定要是有效的故事。讓聽到的人覺得你的產品很特別、價格絕對不算貴的故事。**本章談論的主題是印刷品，最後一起來思考你的產品需要什麼樣的故事吧。

故事 到底是什麼？

「一開始就要講故事？我沒準備」，我要告訴這樣的朋友一個好消息。你現在就有故事。比方說，名字的由來。只要將投注在名字裡的情感、願望公開，人們也許就會發出一聲「嘿～」，覺得產品的價值更勝以往。金澤的咖哩品牌〈GO！GO！咖哩！〉因為經過55道工序再靜置5小時製成，才會用5的日文讀音GO來命名……。各位聽到這故事會很想再吃一遍，對吧？比方說，產品開發階段的試做和辛苦也充滿故事性。輕井澤的招牌咖啡館〈MiKaDo珈琲〉的摩卡霜淇淋，是產品開發者吃了差不多一整個游泳池分量的試製品後才推出上市。怪不得能有那樣神奇和諧的味道。除此之外，關於材料、製作的緣起、為何在那裡製造等，總之就是**要讓人讀完後覺得「這產品好費工夫」、「這價格理所當然」或「原來有這樣的背景」，覺得你的產品更加與眾不同。這些全是故事。**

要提高產品的價值！從這樣的面向去發掘故事！

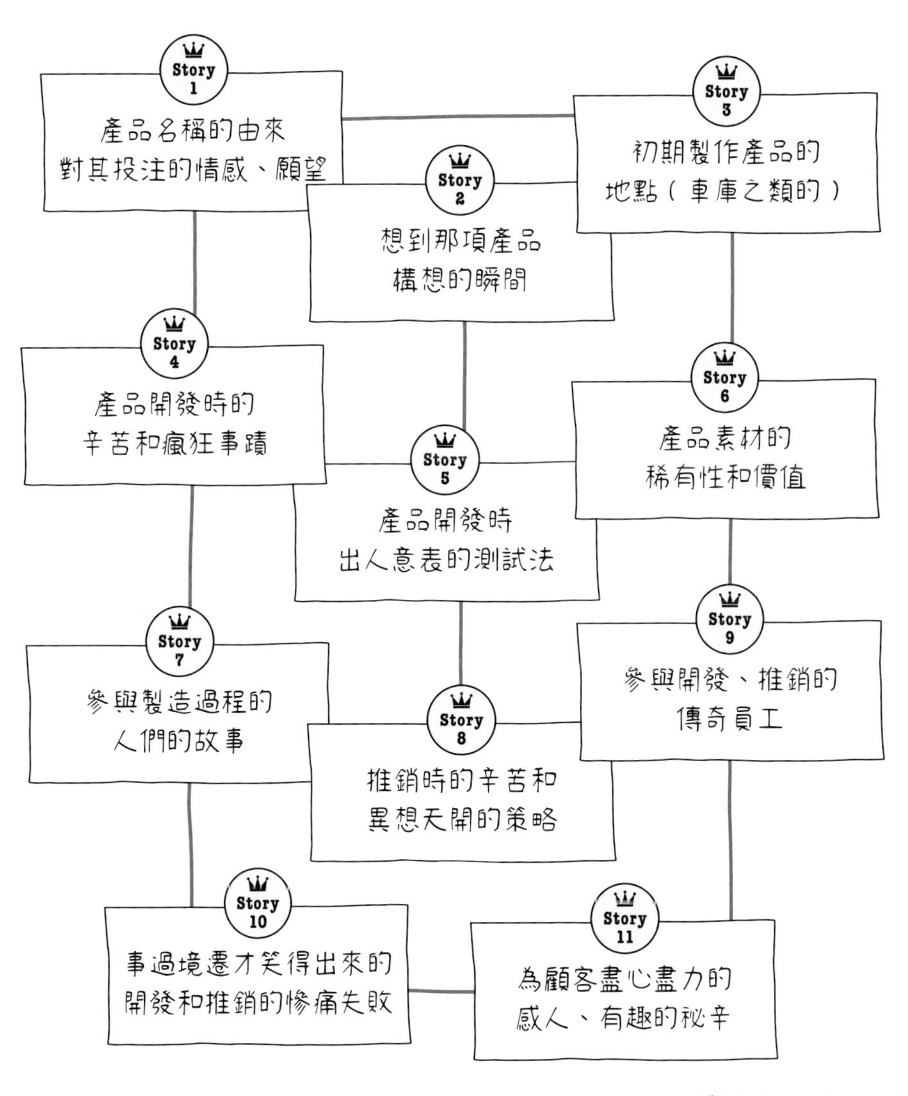

To be continued

任何事都可以成為故事。重點是那故事能否提高產品的價值，及聽的人會不會想傳播出去。

STRATEGY 21

寫故事時要注意能否打動人心

高明的故事不能少掉這部分

產品品牌打造中的故事要引起人的感嘆、詫異才算真材實料。相較於純粹的產品說明，**故事必須帶給聽眾衝擊、感動、關心、領悟、期待才行**。所以在對外發布前，團隊成員要先檢測聽到故事的人是否出現「哎呀，好想試試看」，或是「哎呀，好想告訴別人」的反應。因此此處不能缺少的是「雜學性」。**重點在於故事中引發聽眾詫異的內容需要具有雜學的要素**。還有一點也希望能有的是「傳奇性」。美國的皮箱製造商〈Zero Halliburton〉便充分利用阿波羅以自己公司生產的公事包裝回月球上的石頭的故事作宣傳。深獲歷任總統愛用，或知名演員曾用它參加趣味賽車之類的，**歐美品牌很善於講述傳奇故事。一和歷史、旅行、宇宙等扯上關係，故事立刻被添加傳奇性**。

如何向社會大眾分享那故事？

你正在進行品牌打造的產品多幾個故事並無妨，而且今後「帶著『會有故事生成』的意識採取行動」會愈來愈重要。只是數量一旦太多，要怎麼公開那些故事也變得很麻煩。就故事公開的方式來說，可以想到的有網站、SNS（擠牙膏式＆多次反覆）、各種印刷品、POP、收銀台旁，當然還有銷售時口頭講述等，**有包裝盒的產品若空間許可，也務必善加利用**。美國的小公司在這部分非常優秀。例如右頁是以諷刺的設計和文案受到歡迎的襪子品牌，他們的故事居然就寫在標籤上！小小的空間竟然也能寫故事……。這樣的例子尤其常見於美國的有機食品，**而且多數會附上手寫簽名（有的是附人像速寫）當作設計的一部分。故事具有的力量愈來愈強大，一起仿效他們的做法吧！**

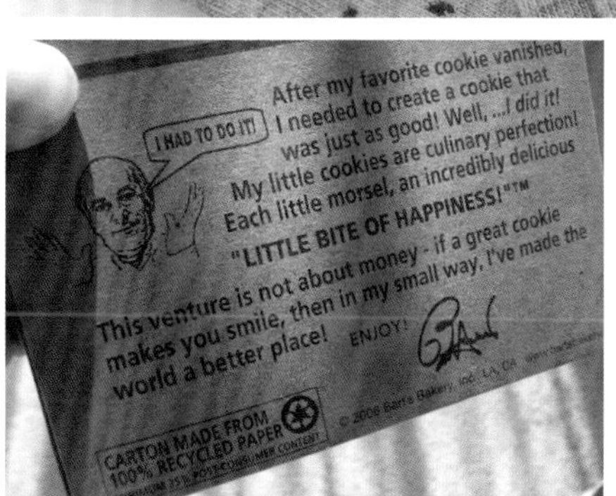

B2B產品最好也要有故事。品牌打造就是要讓銷售變輕鬆。而故事會輔助銷售。

STRATEGY

第 7 章

作為品牌打造一環的網站＆SNS上的訊息發布

For Better Branding

STRATEGY 01

網站上的發文 別僅止於產品介紹

不是網站 是負責宣傳的員工

接下來讓我們以「產品品牌打造的一環」來看網路，包含影片在內。網站、SNS、部落格或App等在現代商業活動中不可或缺，無需我再說明。然而現況是，感覺「只管設立」，之後便一直任其閒置的不在少數。即便這會兒我們正在看書，但網站、部落格、SNS仍然是讓全世界認識你的產品最好同時也是最強的工具。是比團隊裡的任何人都勤勞且不知道累的可靠存在。所以不用就太可惜。不，**認為它只是工具這件事本身即不合理。自今天起，不妨把網站相關工具理解成「員工」，全部集合起來統稱為「齊藤」**。如此看待它，不再任其荒蕪，這樣的態度會讓日後的競爭和品牌打造產生天壤之別。今天起，齊藤就是負責你的產品宣傳工作的員工。一起讓網路瘋狂起來吧！

有必要為單一產品 設置網站嗎？

我想你的公司應該有自己的企業網站。可能也有介紹自家經營產品的網站，包含這次要打造品牌的產品在內，只是不清楚是設在企業網站內還是另外設置。也許還併設電子商務網站……。應該也有公司是採取在亞馬遜、樂天市場、Yahoo!奇摩購物等平台上架、開店的形式經營電子商務。另外，假使你經營的是進口原物料或會批給零售業者販售的產品，或許是由進口代理商或批發業者在網路上發布該產品的訊息……。如上所述，由於每位讀者所處的立場不同，無法一概而論。不過**如果你有「為這次打造品牌的產品單獨設立網站會比較好嗎？」的疑問，我想告訴你：「最好是有。」**那如果你問我：「要設立怎樣的網站？」我會在後續的小節詳細說明。

舊式網站和感覺有在做品牌打造的網站

日本常見的產品網站

重視品牌打造的網站

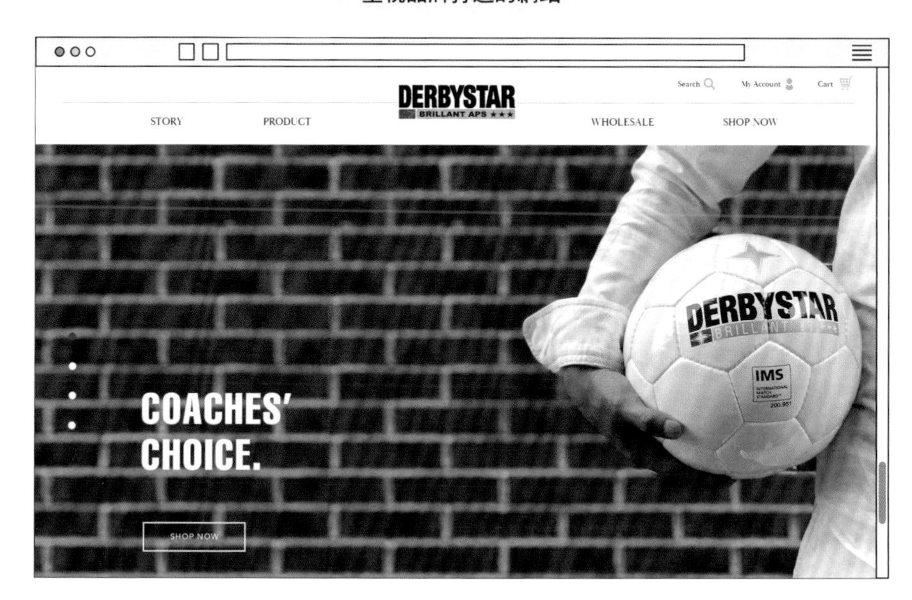

STRATEGY 02

設置網站 連細節也要徹底考慮

單一產品的話 登陸頁面就夠了

假如**要設置單一產品的網站，設計一頁如卷軸般可以用滾動方式由上到下觀看的登陸頁面（Landing Page, LP）即已足夠**。縱使製作頁數眾多、有許多分層的複雜首頁，現在恐怕也不會獲得全部點閱……。何況，考慮到透過智慧型手機也能瀏覽的話，登陸頁面也沒問題。我另外想強調的優點是，**把產品專用網站做成LP型還可以同時練習產品的銷售話術**。若不能由上到下依照順序好好地介紹產品或展開一個故事，就不會有人把LP從頭看到完。但如果做出來的LP上的產品說明如流水般順暢無礙，你就可以這樣告訴今後參與銷售的成員：「依照登陸頁面那樣的順序介紹產品，就能順利向對方說明」，或「在客戶那裡不妨用平板電腦秀出登陸網頁給對方看，同時做口頭說明」……。

若要設單一產品的網站 例如網址也要……

假如要為正在進行品牌打造的單一產品製作網站，那麼網址的設計也要放入童心。一般都認為網址要愈短愈好。而且按照常理思考，通常會採用「www.產品名.com」這樣簡單的風格。不過**我們現在要做的是打造產品的品牌。要把網址也看作加強印象的一個機會，不要採用純粹只是產品名稱的網址**，在取得網址時**也要將表現產品特徵或產品要傳達的訊息納入考慮**。雖然不是產品，但我要舉一個簡單易懂的例子──茨城縣筑西市的調劑藥局〈Yamaguchi藥局〉。按照常理思考，它的網址應該會是「www.yamaguchi-pharmacy.com」這種感覺。但實際上，它的網址是「genki-ageruyo.com」。不是店號（非產品名稱），而是將「帶給你活力」這樣的願望或特徵當作訊息活用於網址。這是一種創意。非產品名稱、「訊息型的網址」。請各位務必動腦想一想。

調味品新品牌的首頁（登陸頁面型）

LP範例

雖說是登陸頁面型的首頁，但不僅介紹產品，也要在最後或頁面中段到處設置購物車或按鍵，好讓人可以購買產品。

STRATEGY

03 若要提高產品價值，一開始就要設外語版

既然要打造品牌也要考慮到海外市場

讓人覺得產品「好棒」、「好帥」、「果然比較高檔」，是品牌打造首先想達到的目標。因此才要從各個面向拋光打磨產品的形象，讓它顯得完美無缺，這時要再加上一樣：**「一開始就要設置網頁的外語版」**。日本運動員在記者會或接受採訪時講英語，多數觀眾馬上會覺得「哇！」。現在已是全球化的時代，不，正因為是全球化時代，在日本這個國家，只要做出走國際路線的樣子給人看，就有可能讓人覺得「好像很厲害」。所以，我建議**不管有沒有計畫進軍海外市場，產品的網站一開始都要有英語版（可以的話，最好有多國語言版本）**。不過，由於日本的人口持續減少，向海外擴展對任何人來說都是有可能的事，再說，旅居日本的外籍人士今後只會有增無減。這一塊早已形成市場。從這一點來看，首頁也要做成多語化。

不用全文翻譯但不可利用網路翻譯服務

提到「首頁的多語化」，可能有人會理解為，要分別製作好幾個全文翻譯的網頁。**其實可以採取部分重點式的翻譯，而不必全文翻譯。講得更白一點，只有標題部分翻成英語也就夠了**。我在第6章也說過，品牌打造就是要利用照片等的圖像而非文章，讓人感受產品的價值。做到只是這樣也能讓外國人大致感受到其價值的網頁，就沒問題。順帶說一下，以Google為首的網路翻譯服務儘管日益進化中，但在我撰寫本書之時，還無法將其譯文原封不動地用在網站上。**扔進網路翻譯機得出的英文，與能打動英語圈人士的英文確實略有差異。這部分還是要請懂英語的真人翻譯**。不過，收到來自海外以當地語言書寫，用以洽詢事情等的電子郵件時，倒是可以善用網路的翻譯服務。這時不是動人的英文也沒關係，合作的速度才是重點。

廣瀨製紙株式會社的首頁範例

這年頭，首頁內容的翻譯只要按一個鍵總有辦法解決。麻煩的是要處理電子郵件等的個別詢問。

STRATEGY 04

品牌打造上不可少的要素和頁面

假使正在品牌打造要將此要素加入網站

前面談到「若要設置單一產品的網頁就採用登陸頁面（LP）型」，現在我要談品牌打造製作首頁時不可或缺的要素。這裡所說的首頁包含擊點後可瀏覽頁面的一般網站在內。本書雖已多次提及，但這次讓我們利用圖解和比較再看一遍。**我希望各位重視的要素就是「以照片作為主角。把照片放大，給人強烈的印象」**。因搜尋引擎最佳化（SEO）的緣故，以往普遍認為網站首頁文字多比較好，所以一開始就放進大量的內容。但另一方面，右頁以照片為主的網頁設計才是我希望各位在進行品牌打造時謹記在心裡的形式。「文字少，利用圖像來傳達」乃基本原則，所以把照片放大是重點。當然，這部分也可以使用插圖。**一定有人心想「文字少，不會不利於搜尋引擎最佳化嗎？」所以我會接著說明有助於彌補這項缺點的部落格、SNS、以擴散為目的的影片、媒體戰略**。同時強化實體世界和網路世界的戰力吧！

最好要有頁面陳述企業的見解

防守對品牌打造也很重要。好不容易逐漸確立起良好的形象，若被人抓小辮子可就沒意思。希望各位能考慮在自己的**產品網頁中設置「我們的看法」這樣的頁面或版面**。就是在網路或社會上傳出關於你的產品的閒言閒語時，以正式且堅定的文字：「我們知道有這樣的聲音。可是我們的看法、事實是……」表達自己公司立場的頁面。比方說，教育類產品常會看到〈30天內學會○○〉之類的產品，往往很快就會出現匿名使用者在網路的評論留言：「雖然取了……的名稱，但實際上我並沒有在30天內學會」。而且這類負評可能會演變成小道消息，或進一步誘發其他帶有批判味道的評語。因此需要有公司立場的官方見解。在網站上設置「我們有關產品的看法」的頁面，像右頁那樣簡單地回應。

清爽的首頁要靠部落格和SNS輔助SEO

網站上要以品牌的立場公開表達對流言的看法

關於「並沒有在30天內學會……」的言論

我們知道有顧客反映，產品名稱明明寫著「30天內學會……」卻「沒有在期間內學會」。在此要針對這一點表達我們的看法。我們對產品名稱的想法是……。

STRATEGY 05

清除矛盾作業 無庸置疑是品牌打造

沒有牴觸產品概念和公司願景

前面曾提到被人抓小辮子，而品牌打造誠然就是要防患於未然。實際所做所為一旦與產品概念或公司願景不一致，人們便可能輕易挑你的毛病。「說是○○，自己卻沒做到」……。比方說，假設你正在進行品牌打造的產品以「簡單到不需要說明書，年長者也能立即上手的數位相機」為概念。但如果它的首頁字很小、不容易看清楚又充斥專業術語會怎麼樣呢？人們會感覺這家公司言行不一。這時就需要進行品牌打造。**不僅是首頁，要全盤檢視自己的工作是否與產品概念不一致，有的話，要在推出上市前加以改正。**我在實際輔導企業的現場稱它為「避免與願景不一致」。**這是品牌打造有關經營的一面，比設計面的提升更為重要。**是設置網站時不可或忘的觀念。

顧客會對矛盾感到不諧調

「說重視環保卻過度包裝」、「說設計簡單，說明書卻厚厚一本」、「宣揚微笑奉獻，員工卻毫無笑容」。我們其實很難覺察到自己在做的事與產品概念和公司願景互相矛盾。可是參與品牌打造的成員非得時時敏銳地覺察矛盾，使產品臻至完美不可。**要順利做到這一點，平時談話、開會就要以產品概念和公司願景作為開場白。**「哎呀，我們公司有○○的產品概念，所以要這樣做」、「我們公司的願景是○○，所以包裝也要這樣才行……」。領導者帶頭這樣說，讓它變成全體成員的口頭禪，矛盾就會自然而然減少。首先是首頁。公開前，團隊成員一起看著大螢幕吐槽吧！根據概念和願景，全面徹底檢查有無矛盾之處。

用投影機放映＋總吐槽

比方說，假設產品概念是「兼顧飲食教育的親子料理包」。品牌打造團隊成員要定期查看它的首頁，指出矛盾。

團隊成員要時常指出網站與產品概念矛盾之處，進行清除矛盾的作業

STRATEGY 06

影像是品牌打造的堅強戰友

產品品牌打造也該同時製作影片

有研究指出，影片所含的訊息量是靜止圖像的5000倍。本書也再三告訴各位，「品牌打造就是要言簡意賅地傳達訊息」，或許在這基礎之上，還要有在網路上公開的產品影片。不過我談的不是那種老式有旁白的產品使用說明帶，或教材輔助影片那樣的內容。**品牌打造需要的是有如音樂電視網播放的音樂影片般可娛悅人，沒有文字、旁白，單看影像也覺得「好酷」，同時能夠進一步提高產品形象和價值的影片。**由於是書本，我很難為各位展示影片實例，但這裡截取了戶外運動廚具品牌〈APELUCA〉所拍攝的這類影片中一幀畫面。希望各位有空時務必利用QR Code連上〈APELUCA〉的網站，實際觀賞他們的影片。

讓人看見開發者或製造者帥勁的訪談

我在第6章曾**建議各位刊登開發者或製造者接受採訪「講話時的照片」，但其實最好的是影片。**這時的背景一定要是白色或黑色。服裝也是白或黑，穿襯衫或布製上衣即可。其考量點是，不希望帶給觀眾發言以外的不必要的訊息，及不會有害產品形象，但我還想提出的一項優點是，「黑或白的話，任何人都可以輕易建置拍攝場所，而且最重要的是，被拍攝的人會看起來很帥」。只要利用特效字幕打出問題，再加上當事人談話的畫面就會很好看。順帶說一下，影像的「音質」很重要。聲音不容易聽清楚或有煩人的噪音是影像的大忌。這部分同樣鑑於書本的關係，無法讓各位看到實際的例子……。因此，我在右頁放上北海道千歲住宅建設業者〈Brain〉的社長坂本茂敏先生的受訪照片。請務必利用右頁的QR Code上網觀看。

影片的訊息量是5000倍

享受戶外生活的餐廚用具。
會讓人「好想那樣做」的影片

重點是不能只有單調的訪談，
還要插入音樂和相關畫面

也要注意影片的特效字幕所使用的字體和上字幕的方式。該字體也會大大影響品牌的形象。

STRATEGY 07

如何尋找拍攝影片的夥伴

影片製作品質參差不齊到令人吃驚的地步

影片的品質差異大過照片。因為編輯、選曲、上字幕、轉場、如何開始、如何結束等，當中有太多考驗製作者品味的關卡。那麼，我們該如何挑選製作影片的夥伴呢？首先用消去法，剔除風格老舊的業者。那會拍出像是參觀工廠前看的導覽片。上網搜尋應該會找到曾任職電視台或節目製作公司的人所創立的影像公司，這也能當作其中一個選項。**而我想告訴各位的祕技是，搜尋有品味的拍攝婚禮影片的公司。**他們也許會以沒拍過產品介紹影片為由婉拒，但值得再積極一點，說服他們接受委託。音樂的挑選和插入畫面應該會做得不像商業用影片，但會是往好的方向。自行拍攝是大忌。如果貴公司的員工有這類專業技術或曾經是專家自然另當別論，但我們現在要做的是打造品牌，不是朋友婚禮的餘興節目。

剪掉的影片繼續用於SNS的作戰計畫

現在這時代，影片最長就是90秒。大家異口同聲說「沒人要看1分鐘以上的影片」。然而，實際拍攝時，攝影機得拍攝相當的長度才剪得出那1分鐘的影片。可想而知，**編輯時剪掉的部分相當可觀，務必預先談妥以拿回那些影片。**不妨事前告知拍攝影片的夥伴。我稱它為「影像碎肉」，如同字面的意思，和碎肉一樣。短短幾十秒，但很美的影像……。好不容易拍出來了，把它們匯集起來（即使多少要花些費用），透過SNS一點一點發送出去。可以想像這品質會遠比把自己拍攝的影像上傳到SNS高出許多。影片上不妨放上拍攝公司的LOGO，同時幫他們打廣告。這是考慮到品牌打造效能的影像多用途法。

拍攝影片兼作SNS對策

把拍攝影片時+編輯時多出的畫面再利用於SNS

影片上傳網路時要注意檔案名稱。不要原封不動地使用交件時的名稱，要改為對搜尋引擎最佳化有效的檔案名稱。

STRATEGY 08

從知識的面向談病毒式影片

使中小企業世界知名的病毒式影片

若要拍攝產品影片，不只有前述「提升產品形象」一種類型，還有一種做法是意圖引起網路上的話題討論和傳播。在網路影片的世界裡沒有大企業和中小企業之分。一切比的是創意。只要是具有震撼力、好笑的、可以感動人的影片，不論是哪個國家、公司的規模如何，都可能一夜傳遍世界。因為轉傳、轉傳、轉傳……，分享、分享、分享……而**瞬間被擴散的影片稱為「病毒式影片（Viral Film）」**。「VIRAL」一詞源自「VIRUS（病毒）」。一如其名，它就像病毒一般不管國界和時空傳播開來，所以叫「病毒式影片」。**病毒式影片的好處是，常常會被專門收集世界各地話題影片播放的綜藝節目提出來討論**。若能拍攝出病毒式影片的傑作，會有很大的經濟價值。

病毒式影片要這樣拍攝

「積雪的道路好可怕」。各位還記得九州的輪胎店〈AUTOWAY〉為促進雪地胎的更換，以這句廣告標語拍攝的病毒式影片嗎？我不打算劇透，右頁登載的照片沒有劇透的問題，請各位上Youtube網站搜尋。應該能夠明白它為什麼會傳遍世界。另外，岩手縣的鋼琴教室〈東山堂〉曾經拍攝一支以父親和女兒的婚禮為舞台的影片。這支影片同樣像病毒般傳播開來。前者是無法預測結局而看到最後，又因為結局的出乎意料＆衝擊性而想要告訴別人。後者是走感人路線。感動型的影片會讓人反覆觀看，並想與別人分享那份感動。總結來說，**病毒式影片應當包含的要素有意外或具衝擊性的結局、不管任何語言使用者都覺得好笑或感動的元素、讓人懷疑「那是真的還是合成的？」的影像戲法等**。長度以30秒～90秒較為恰當。好像很難？不，只要有創意，任何人都可以拍出病毒式影片！

被擴散的影片一夜之間傳遍世界

請以〈AUTOWAY 恐怖雪道〉來搜尋影片！

從上面的畫面我們完全感受不到趣味性，
但卻是傳遍世界〈AUTOWAY〉的傳奇影片

AUTOWAY的HP

岩手的鋼琴教室〈東山堂〉令全日本感動落淚。
網路上不斷為人傳述的影片值得一看

掃描左側QR code，可連上因拍攝東山堂的影片獲獎無數的盛岡市製作公司〈MAESAKU〉首頁。

STRATEGY 09

任何公司都可以是Japanet 為直播帶貨預作準備

在自家公司的攝影棚 透過影像銷售產品的時代

在我寫作本書的現在，「直播帶貨」還是一個很新的概念。相對於線上購物的「電子商務」，「直播帶貨」一如其名是全程現場播出。即在網路上直播影片賣東西的銷售形式。就想像每家公司各自擁有像〈Japanet Takata〉那樣的節目和功能的樣子。嚴格說來，不是現場直播也行。只是把「員工推薦產品的影片」放上既有購物網站也非常接近直播帶貨。不管怎麼說，**就是在以往由照片＋文章構成的網路購物加上「影片推薦或說明」，這樣的時代已經到來**。推薦的人不是員工而是網路上具有影響力的人也OK。實際上這樣的人也有提供這類服務。不論作為賣方可以將訊息直接傳到終端用戶的手段，或是作為嚮往成為Youtuber的員工大顯身手的場域，直播帶貨都是很好的概念。

中小企業要 從今天開始習慣影片

「直播帶貨？我們是Japanet？」，相信也有不少讀者對於快速進入下一個階段感到猶豫。事實上，日本的中小企業運用影片擴大銷路的確實不多，**我想公司內部先從「習慣影片」做起才比較實際**。在此我要針對習慣影片的部分提出幾點構想。例如我擔任諮詢顧問的山形縣知名＆優良企業〈市村工務店〉，他們便規定每個部門都要利用社群網站上傳影片，並在每月定期召開的全體員工會議頒獎表揚上傳的影片，用這樣的方式促使影片文化滲透到公司每個角落。另外，同樣那家位於北海道千歲的住宅建設公司〈Brain〉的做法則是，選定主題當作年度經營計畫會議時的活動，由各個員工自任導演，1個月前就開始按照主題辛苦地利用智慧型手機拍攝自己的作品。於會議當天在會場發表，並頒發獎項。想要跟上潮流「操縱影片自如」，現在馬上就要動手做！

在辦公室一角常設傳送影像用的攝影棚

STRATEGY 10

回答「要利用SNS做什麼」的疑問

不是盲目也不是跟隨流行 以合乎形象和人物誌為優先

「社群網站上應該做什麼？」網路世界變化之劇烈無出其右者。即使執筆的當下我斷言「社群網站怎樣怎樣」，出版時也許流行已轉向……。如果要說時時跟著流行走就是正確的？那倒不是。為什麼呢？因為「不培育」是品牌打造的最大之惡。是的，品牌不是製造出來的，是培育出來的。這個道理同樣適用於社群網站，**不好好地把一種社群網站當作「自家媒體」經營，因為「現在流行」就接二連三開啟其他社群網站，不會得到好的結果。**實際上，許多公司都有一堆社群網站的帳號，但每個都只做一半，全是只有認識的人會看的帳號。**在社群網站的選擇上，不論Instagram、臉書或是LINE，只要選擇你設定的人物誌最可能使用的社群網站就OK。**要同時經營多個社群網站我當然也贊成。重要的是「培育的態度」。

擁有自家媒體的 責任感

為了產生責任感，首先要把社群網站當作自家媒體看待。社群網站是任何人都可以輕鬆建立帳號，10分鐘後即能開通使用，十分方便。因為這緣故，人們往往欠缺「它是自家公司經營的媒體」這樣的認識。**既然叫媒體，內容也要像雜誌而非日記。更專欄式地規畫其內容吧！並要針對照片的品質和字數設定規則，只上傳經過考量、有助於提高產品價值的文章。**一旦採用接近雜誌的形式，自然會對更新頻率形成限制。沒有那種有寫才發行的雜誌。只要定出每週〇發售，時間到就一定要陳列在店內，這就是雜誌。你的社群網站也是，只要敲定更新的次數和日期，那天就一定要發文。這樣既可防止帳號閒置，外人看來也會覺得這是專業的社群。關於怎樣可以妥善地發文和持續更新，我連同部落格的部分一併記載在第182頁以後。

不是隨便決定一種社群網站，要用人物誌思考顧客會使用的SNS

不是因為現在流行而選擇它，
而是依人物誌思考顧客可能會看見才下決定

想要預防網路的謾罵攻擊？遵守法律和政治正確自是當然，但也要避免碰觸新聞和時事問題。

STRATEGY 11

產品品牌打造的社群帳號不能和個人帳號同樣水準

徹底做好頁首設計

產品品牌打造的社群網站不是個人層次的東西，**一定要做到任何人看都覺得夠專業才行！讓我們從這樣的觀點來思考臉書（如果是企業、產品，則是臉書專頁）的頁首設計**。以右頁的實例來說，一如字面上的意思，頁首就是頁面的頭部，但沒想到即使是企業臉書，對這部分也漫不經心，多數是隨便拿張照片做成。然而，既然要打造品牌，這部分就要好好設計。如果是使用智慧型手機，幾乎沒有關係，可是一旦用電腦瀏覽你的臉書專頁，這部分就會很顯眼。雖然用946×360像素的圖片去做剛剛好，也可以自己製作，但可以的話還是請設計師設計。**要讓它變得很專業，就是美美的照片加上兩三句話**。並要傳達出，這是產品的正式臉書專頁，就像是右頁的例子那樣。

由角色人物發文是能娛樂所有人的策略

還有一招可以做為社群網站的發文方式，就是由角色人物將自己的心聲說出來這種風格的發文，不過你的產品或公司要有原創的角色人物才有可能採用這種方法。**發文方能否總是愉快地發文，最終會關係到延續性、娛樂性，因此假使對這種「角色擬人化策略」很心動，務必考慮採用**。這時，角色的口頭禪和性格塑造的完成度就變得很重要。山形市的〈市村工務店〉便是用這種手法在經營社群。他們虛構了一個住在公司裡的人物，名叫〈佳奈〉，每天對外發送公司的訊息。就算沒有角色人物，也可以用類似的手法經營社群。這時要反過來，把實際存在的員工角色化，由他在社群網站上發文。例如〈伊藤火腿〉的〈火腿組長〉，就是由真實的組長在發布推文。其樂趣和娛樂性會為公司的價值提升做出貢獻。

市村工務店：由角色人物發文的SNS

佳奈的PROFILE

原本是個熱愛寺廟、神社的阿宅，從英語圈的某個國度到日本觀光，如今成了擅長興建、修繕神社寺廟的市村工務店的熱情粉絲！

與市村社長變成好朋友後，現在住在公司裡，勤奮地發文讓世人認識市村的魅力。

市村的佳奈被用來作為招聘戰略的一環。求職學生可以透過佳奈了解公司的氛圍。

STRATEGY 12 回答「部落格已過時？」的疑問

為了媒體戰略和 SEO對策著想需要部落格

社群網站的抬頭導致出現「部落格已過時」的氛圍，但部落格有部落格的好處。首先，只要頻繁更新，網路搜尋便很容易查到，這會是搜尋引擎最佳化（SEO）的一項對策。正如我在第6章談到的，品牌打造的首頁製作常常會以意象優先，照片較多、文字較少。這時就需要部落格。**散布著關鍵字詞的優秀部落格可補強SEO對策這一塊**。還有一個好處是，媒體相關人士會藉由搜尋找到部落格，進而向你提出採訪要求。若接到媒體相關人士的來電，多半會表示「我看到貴公司的部落格，於是撥電話給您……」。這除了因為部落格容易被搜尋到之外，過去的文章也大大左右了搜尋結果。**媒體在提出採訪要求前，會看你過去在部落格發表的文章，確認是否值得信任。和社群網站相比，部落格可以看到更多的文章。**

品牌打造上的部落格要 設計很有專家風範的頁首

既然要做得很專業，部落格的頁首同樣重要。務必委託設計師設計一個好的頁首。頁首有各種尺寸，會因你所選擇的部落格版型而異。先確認才不會發生比例上的問題，後續請人設計也會輕鬆許多。**部落格的頁首不同於社群網站的頁首，多半會有標題名稱。把部落格的標題和美麗的照片一同表現在頁首吧。**右頁為實際的案例。〈BAEREN〉是岩手縣引以為傲的精釀啤酒品牌，專務董事所寫的部落格想將同仁們宛如孩童般快樂做行銷的模樣展現在世人面前，因而取了「內在小孩的行銷學」這樣的標題。他拚命地不斷書寫，最後以《連結一切的啤酒（つなぐビール）》（鑽石社）的書名在全日本書店上架，而部落格便是促成出版的一個原因。

若要建立官方部落格就要設計頁首和標題

出書即是最好的品牌打造。雖然是道窄門，但值得以此為目標。第一步就從高品質的官方部落格做起。

STRATEGY 13

挑選合作夥伴也是品牌打造的重要環節

包含服務供應商在內考量形象後再作選擇

重視品牌打造的公司會將挑選協力廠商也看作品牌打造的一環。那家協力廠商是否適合成為團隊的一員？在顧客看來，會不會覺得我們和那家廠商合作很奇怪？對方是否理解我們的願景、使命、理念等？麥當勞和迪士尼這類世界級品牌會提供進修、教育的機會給包含協力廠商在內的人員，也是**因為他們一直認為「品牌形象涵蓋所有夥伴企業在內」。要先有這樣的理解再思考要向哪家公司購買部落格的服務。**不要只是因為可賺取點閱數、現在流行就選擇〈Ameba〉，要綜合性地考量自己的品牌形象、自己假想的目標顧客看到時的印象和這方面的問題，選擇最適合的服務供應商。這部分與成本並沒有太大的關係。

就品牌打造的角度，部落格不應該有的情況

不論以前或現在，選擇免費部落格的服務，開設自己公司部落格的公司出乎意料地多。免費的東西最貴。如各位所知，一旦選擇免費部落格的服務，其頁面設計就會放進別家公司的廣告。其廣告的挑選是根據文章中使用的詞彙＆搜尋字詞，因此很可能會出現競爭對手的廣告。美髮沙龍經常會看到這樣的情形，工作人員或店長拚命地寫部落格，但因為是免費部落格，文章的一旁竟大剌剌地出現其他沙龍的廣告……。這太可惜了。就算選擇收費的部落格服務，月費也很便宜。還有一個令人意想不到的陷阱是部落格的更新時間！由於大家常常會看更新時間，所以一旦半夜上傳文章，就會被人家說「工作到這麼晚」。做事勤奮？才不！這樣比較會給人黑心企業的印象。

產品的官方部落格卻有其他公司的廣告？好奇怪！

很可惜，出現其他公司的廣告……

不僅部落格的內容，更新時間、頻率、標題、頁首設計、服務供應商和網址等，全部和「印象」有關。

STRATEGY 14

繼續才是最好的價值提升 利用定期更新成為網路紅人

沒有持續的部落格和SNS 對品牌打造有不良影響

現在讓我們回想一下第170頁談到的「品牌打造＝清除矛盾的作業」。比方說，不管是部落格或社群帳號，明明賣的是兒童用品，上傳聚餐畫面的頻率卻很高，就好感度的觀點實在難以認同……。同樣的，只有想到時才更新，因此常常以「好久沒更新了……」開頭的部落格、社群帳號，形象也會很差。消費者可能從這類開頭文字感覺到「對時間管理很隨便。要網購會怕怕的……」。尤其，如果販售的是生鮮食品更是糟糕，會帶給人「這公司的賞味期限管理沒問題吧？」的疑慮。前面已談過網站首頁、部落格、社群網站等工具，這些全是為了提高你的公司和產品的價值。**而假使有一種最簡單且基本的價值提升方法，那就是定期更新內容。這可能也是很難做到的事。**

為保持定期更新 可以做的事

為了定期更新部落格、社群帳號，要直截了當公告更新日期。要公告在稱為「頁腳」的地方。頁腳指的就是部落格、社群網站正文後的署名欄。一般來說就是「＊＊」或「～～」分段記號以下的部分。**在那裡預先註記週幾會更新就會產生強制力。像右頁舉出的例子那樣，寫明哪一天要更新什麼內容更好。**這樣做既可訓練頭腦去想要寫什麼，使感覺更敏銳，而且整年下來也能兼顧各種主題，不會偏廢。此外，以小組共同分擔的方式，每天換不同的人寫也不錯。主題和更新日當然可以互有增減。倘若不受歡迎，也可以抽換，和雜誌的專欄一樣。若是以企業立場的發文，希望能一週更新2次。常有人問「頁腳沒有預告的更新呢？」，這種更新可以適時進行。務必將頁腳複製＆貼上在所有文章的最後，以統一風格。

發文會對產品品牌打造造成不良影響!?

每次在頁腳註明更新日和內容

一回煮こぼす度に1枚で良いと思います。

いつものモツ煮の風味アップ

4色の胡椒で是非

細かいところはお問合せくださいね♪

・・・・・・・・・・・・・・・・・♡・・・

Thank you for your leading

およそ

（月）つい話したくなるスパイス豆知識

（水）いつものあれにスパイスを加えて！

（金）MEAT the SPICE. スパイスと肉料理

14時更新予定です

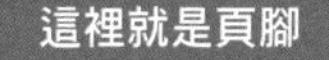

每次都要複製&貼上，
以相同格式總結文章。

一旦在頁腳公告更新日和內容，不曾寫過的人也會自然而然地豎起天線捕收訊息，漸漸不再為話題煩惱。

STRATEGY

第 8 章

作為品牌打造一環的
廣告、宣傳活動&話題製造

For Better Branding

STRATEGY 01

被稱為品牌的產品具有「引力」

最終不打廣告的就是品牌!?

這一章要談的是廣告、宣傳活動和話題製造。這部分需要的是魅力，或者說是更強的娛樂性。「還要廣告很矛盾。品牌打造就是要做到不推銷也能獲得購買，不是嗎？」腦中浮現這疑問的朋友很厲害。說得沒錯，被稱為品牌的公司或產品要以靠「引力」而非「推力」達成銷售為目標。不削價競爭，也不對消費者緊迫盯人……而是利用成功的品牌打造讓人渴望擁有。這是品牌打造理想的終點。事實上，〈星巴克〉從來不曾推出廣告。而是傾全力打造品牌，使顧客為之著迷。光是這樣就能在全球銷售。雖然這麼說，**但現實中若不能讓產品為人所知，便不可能獲得購買……。產品上市後透過各種方法讓大眾認識它也很重要。其中一個手段就是廣告。**

要意識到箭頭朝內還是朝外

這是和「不靠推力，靠引力」有關的話題。右頁的上圖是有品牌之稱的產品。「品牌」即意謂著顧客會主動搜尋，不降價也會購買。自己不用開口，「請與我們合作」、「請交給我們販售」這類機會就會上門。也會有金融機構主動提議要借你錢，或是想要的人才和情報自己找上門。**品牌即代表一種不去追求，買賣所需的要件也很容易聚攏過來的狀態。換句話說，「品牌力＝引力」。重視品牌打造的經營者非常了解這股力量。**反觀右頁下圖則是不關心品牌打造的產品的狀態。如你所見，即使具備買賣所需要件也不會有人主動靠近。企業被迫去追求所有的一切，因而每天手忙腳亂。上圖和下圖，哪一個效率比較好呢？品牌打造的本質就是「構築聰明的商業模式」。

品牌的機會會從天而降

被稱為品牌的產品，「請賣給我們」、「請讓我們擺放」、「請與我們合作」、「請讓我們共同努力」這類的機會會自動找上門

沒有建立品牌的產品不主動推銷便無法獲得購買。不但被迫降價，還得自己去請求結盟、協助等

如果銷售活動變得較為輕鬆，或有好事翩然降臨，即證明產品品牌打造進行得很順利。

STRATEGY 02

不管要不要打廣告 都要備齊的東西

品牌打造 所構思的主視覺

回來談廣告吧。單單廣告就足以出一本書，但我在這裡只談一個很有品牌打造作風的觀念。請想像你的產品廣告以整頁的形式登在雜誌上，或印成A1大小的海報張貼在車站內……。因為是品牌打造，所以設計要以照片作主角，文字很少，連外國人也能感受到產品的特徵和賣點。今後也許也會推出網路廣告，推出的時機和尺寸應該也各式各樣。不過，**之前刊登出的設計就是基本形，會成為這次推出產品的主要設計。我們稱之為「主視覺（Key Vision）」**。一如其名，它將是成敗的關鍵。你的產品也有主視覺的話會很方便。電影也是，一定會有宣傳用的海報。然後再以那海報為原型製作傳單、網路廣告……而這些設計幾乎大同小異。請試著想像它就像是電影海報的產品版。

好的主視覺 外國人也看得懂

好的主視覺，要以不懂日語的外國人看到能否瞬間理解那樣產品的特徵和賣點來分辨。或許你並非專作外國人的生意，但現代人從早到晚大約會看到3000則的廣告，可是大多數的廣告我們都不會記得。即使想起廣告中出現的藝人，多半也不記得產品名稱、公司名稱。也就是說，即便用日語打動日本人也不過爾爾……。因此，**儘管傳達的對象是日本人，也希望能簡單明瞭到簡直像在對外國人傳達那樣的程度**。右頁是宮崎縣〈男子漢布丁（漢プリン）〉的主視覺。看到它就能理解那項產品好在哪裡。另外一張圖是〈FREITAG〉。這是瑞士的背包品牌，所有背包全用廢棄材料製成，瞬間便擴展到全世界，這是當然的。因為透過這主視覺，任何人都能感受到其產品的優點。

設計外國人也能一目了然的視覺畫面

一眼就明白這是針對男性設計的結實布丁

什麼東西的老舊材料用於哪個部位，無須說明也一目了然

STRATEGY 03

以主視覺為重心的品牌打造的廣告

主視覺完成就變換各種形式對外發送

你的產品主視覺要採直式或橫式設計都可以，基本上以A4尺寸為主，照「A版」的比例、尺寸來設計，讓它可以縮小、放大可能比較好。今後再根據這設計做成「B版」，或網路上的橫幅廣告。印成明信片或名片的大小，做成店鋪卡片之類的也是個好主意。如果再加工做成可以擺放在零售店貨架上的POP，我想採購專員也會很高興。主視覺就是要像這樣，貪婪似地不斷因應需要改變形式、尺寸、素材加以利用，宛如阿米巴原蟲一般。不要只準備貼在牆上的海報，還要做成告示板搭配畫架一起擺放。我想有些場所應該很時興這種展示法。把主視覺利用於前面提到的SNS、部落格的頁首也很有效。我試著將主視覺的應用建議記載於右頁。

品牌打造上可以想到的廣告載體和機會

有人說廣告不再有效，如果是胡亂在雜誌、報紙上買廣告，推出公車、電車的吊環廣告的話，或許是的。產品品牌打造要時時對照人物誌推動計畫前進，而若要推出廣告，就不只是對照，更要認真面對人物誌到能夠透視的地步。這麼一來，你腦中很可能會浮現新的廣告載體……。機場載運行李的推車、在郵局張掛海報、針對觀光客的英文免費刊物等，大街上還有許多可引起假想顧客注意的廣告種類和機會。如果再加上每天持續進化的網路類廣告載體，選擇無限。我想從品牌打造的觀點提出的不是「靠廣告賣東西」這種推銷式的構想，而是「讓登廣告的載體變成話題」。創立於美國猶他州的戶外運動品牌〈CHUMS〉在相撲力士的刺繡腰帶上登廣告，實在相當獨特！因而成為話題。

主視覺的應用建議

主視覺

產品的主視覺設計出來後，
要像這樣因應需要以相同的
設計擴大應用
（尺寸、廣告詞和文句多少
要做些調整）

做成告示板
製作海報
做成明信片

印在手提袋上
做成桌上型POP
做成橫幅廣告

印在名片背面
貼在公司用車上
印在T恤上

做成部落格的頁首
做成SNS的頁首
做成貼紙

做成文件夾
做成地板廣告
做成廣告旗幟

優衣庫在巴黎展店時，提供裝長棍麵包的袋子給街上的麵包店，並在袋子上打廣告，引發話題。相當別出心裁！

STRATEGY 04

製造符合產品形象的新聞話題

不是登廣告
而是以報導形式被刊登

在廣告的種類、機會列表中，有名為「報導式廣告」和「非付費宣傳」的項目。雖然也視產品、業界而定，但說到適合用於品牌打造的廣告，非這兩者莫屬。**報導式廣告就是讓雜誌等媒體以報導形式介紹產品**。方法是，首先你要購買一般的廣告版面。你的產品的「純廣告」當然就會登在雜誌上，但交涉得好的話，雜誌社會願意寫一篇有關產品的報導。有時會登在同一期，有時是下一期……。產品的故事在品牌打造中扮演很重要的角色，而報導可以一併將產品的故事傳播出去，所以在這一點上，這種報導式廣告就很適合。購買雜誌廣告時，務必試著交涉看看。更理想的是**不用買廣告，雜誌和報紙就願意報導你的產品。這比報導式廣告更高段，叫做「非付費宣傳」**。

為了被寫成報導
要舉辦獨一無二的活動

「非付費宣傳」和報導式廣告一樣，是以報導形式登上報紙和雜誌版面。不過，正如名稱開頭的「非付費」所示，我們沒花一毛錢就讓媒體願意為產品寫一篇報導。只是，報紙、雜誌也是要靠廣告費才經營得下去。所有產品都無償報導的話可是會倒閉。所以這部分就要靠我們**發起與產品有關的有趣活動、競賽或慈善義賣等，讓媒體忍不住想要報導。換句話說，就是要製造新聞**。事實上，新潟的廚房用具製造公司〈AUX〉就沒有為主力產品的指尖夾刊登純廣告，而是以企畫、主辦別出心裁的活動，獲得各家媒體的報導。那場活動就是〈分食之夜（TORIWAKE NIGHT）〉。男男女女一邊學習分食的禮儀，一邊愉快地進行餐會，並建立〈分食技術檢定〉制度。

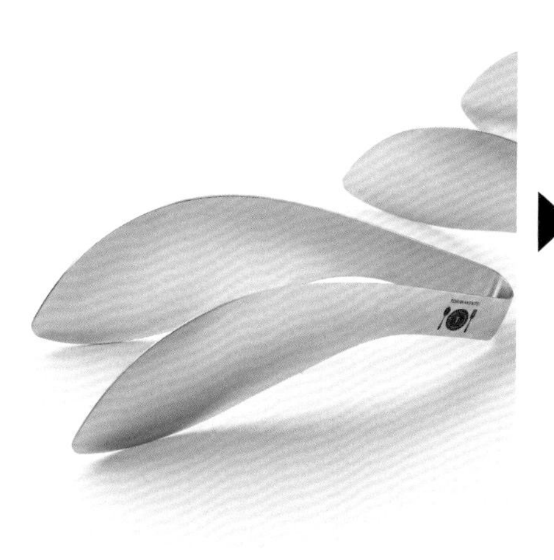

PRESS RELEASE SEP 2017

日本初!?「取り分け」をするだけなのに
メチャ楽しいイベントが全国でスタート！

その名も「トリワケナイト」！

WHAT'S TORIWAKE?
トリワケこそが
最大の社会人力！

TORIWAKESE

》1 ココがPOINT！
大人気の料理家がライブでつくる美味しい大皿料理！

》2 ココがPOINT！
ブランドプロデューサーによるつくり込まれたエンタメ空間＆メチャ盛り上がる演出！
メチャかっこいい＆楽しいサプライズ演出！

》3 ココがPOINT！
業界1のキッチンツール会社のイベントなので対応も体制もバッチリ！
メディアでよく見る「AUX」のイベントです。

AUX

※ 今後このイベントは「トリワケンテイ」という検定制度にもなります。（2018年春頃予定）

取材は大歓迎

…ですが、イベント演出が優先のため、各回2社までとさせていただいております。

お問い合わせ
取材申し込み
等はこちらへ

トリワケナイト広報：近藤貞敬（こんとうさだゆき）
Mail to：info@toriwakenight.com

商品〈指尖夾〉。不買廣告，而選擇以辦活動的方式吸引媒體報導。舉辦的活動是由男士負責分食餐點的〈分食之夜〉。

NIKKEI TRENDY NET 日経トレンディネット

TOP ＞トレンド・ヒット ＞生活・家電 ＞“料理の取り分けに特化した”検定が話題

連載：ヒットの芽

“料理の取り分けに特化した”検定が話題

究極のコミュニケーション技術？

2016年11月09日

2016年6月に初めて開催された、料理の取り分けだけに特化した検定「TORIWAKENTEI（トリワケンテイ）」が話題だ。主催は女性目線で開発したキッチン用品を製造、販売するオークス（新潟県三条市）。食事会の体裁で取り分けの技術を検定する。「取り分けはただのテクニックではなく、究極のコミュニケーション技術」と同社広報の近藤貞敬氏。キッチン用品を販売する会社として、取り分けを通した気配りなどを知ってほしいという思いもあり検定を始めたという。検定には同社の「ゆびさきトング」「すくえるナイフ」などの製品が使用される。

（画像のクリックで拡大表示）

（画像のクリックで拡大表示）

検定では4人1組でチームを作り、サラダやパスタ、メイン料理、デザートなどの大皿料理を参加者それぞれが考えるベストな状態で取り分ける。それを講師である男子料理教室メンズキッチン主宰の福本陽子氏がチェックし、アドバイスをする。最終的に均等に美しく盛り付ける技術だけでなく、相手の好き嫌いやアレルギー、レモンやドレッシング、ソースをかけるときの気配り、テーブルを和ませる会話なども評価の対象になる。「相手を配慮し食べたくなるように美しく盛り付けられるかどうかが合格のポイント」（福本氏）という。

検定には初級のスタンダード、中級のシルバー、上級のゴールドがある。参加者には階級を示すステッカーと、トリワケンテイ刻印入りのゆびさきトングが携帯用ケース付きで贈られる。テキストを1冊覚えて試験に臨むのではなく、その場で学んで検定が受けられるのがビジネスパーソンに好評だという。

これまでに2回開催され、1回の参加者は20人限定で男女比は半々。年齢は20～50代と幅広い。2回ともスタンダードを対象としていたが、2016年11月25日には初のシルバー検定をスタンダードと同時に開催する（先着20人で申し込みは11月20日まで）。今後は各階級の検定を開催していく予定で、最終的には丸一羽のチキンや、魚一尾丸ごと使うアクアパッツァなどの取り分けもできるようになることを目指す。なおゴールド獲得者には金のゆびさきトングが贈呈される予定だ。

（文／池田 明子）

實際舉辦〈分食之夜〉時的留影。由於有發新聞稿，所以有媒體來採訪，成功登上媒體版面。利用這種手法擴大產品銷售。

STRATEGY 05

活動企畫也是產品品牌打造的重要元素

與產品緊密結合製造新聞話題的創意

我想應該有不少朋友對「製造新聞話題好讓產品獲得報導」這事感到有難度，但有以下3個思考方向。第一是如前述〈分食之夜〉那種**與產品有關的活動**。連續性或一次性的活動都可以，也可以在活動中加入競賽的元素。第二是「**舉辦有期間限定的宣傳活動**」。商業搭配、折扣、在出人意表的地方販售等……只要很搞笑或夠愚蠢，就會成為新聞。最後是「**與產品緊密結合的慈善或貢獻社會的活動**」。只要購買一件產品就捐出部分收益給〇〇是一般的作法。或是直接捐贈產品，而且是對社會或孩童有益，這樣也很容易被報導出來。不論採用上述三者中的哪一種，**你製造的新聞或多或少都要具備社會性、時代性、歡笑、感動等元素。有這類元素，媒體才會「想報導」。**

命名對引起媒體的興趣很重要

提高產品的知名度是產品品牌打造的一個面向。作為其重要的一環，我告訴各位要「製造新聞話題，使產品獲得媒體報導」，也就是說，活動企畫也是品牌打造一項重要元素。**只是把產品製造出來、販售，每一家公司都會。這時一定要當自己是領頭者，時時保有「我們就是活動企畫」的意識。**現實中，岩手縣盛岡的精釀啤酒品牌〈BAEREN〉全體員工便抱持著這種高度的意識。也因為這樣的背景，創業大約15年就成為岩手縣具代表性且引以為傲的啤酒公司。那麼，**一場活動最重要的是什麼呢？雖然內容也很重要，但我認為最重要的是命名。**命名有趣，人們自然會好奇「那是什麼!?」，結果就能引起顧客和媒體的關心。右頁的例子就是這樣的活動和命名。

利用命名讓活動成爲話題

在長條卡片上寫幾句話
即可獲得高級奶油的活動

把家庭廢油帶去加油站
可兌換現金抵用券

牛仔布製成的鞋袋銷售企畫。
名為「牛仔Shu盃」的足球大賽

足球品牌的發表會。
辦在夜晚的佛寺，並有音樂演奏

STRATEGY 06

新聞稿發布得不好便沒有效果

身為賣方的常識 發新聞稿的基礎知識

你就算舉辦有關產品的特別活動或發起了什麼新鮮事，媒體不知道的話，自然不會來採訪。這時你的公司就要發布「新聞稿」。新聞稿就是將你公司發起的活動或新鮮事告訴媒體相關人員的通告。原則上就是一張A4單面的彩色列印文件。由你的公司發出，傳送給各家媒體。許多公司會想藉新聞稿完整說明活動內容，結果變成滿滿的文字，或超出一張A4的頁數，但新聞稿不是銷售文宣。實際受訪時再作完整說明即可。**新聞稿的目的是要讓收到的媒體感興趣，進而主動聯絡要求採訪。理解這一點再製作，就能順利用一張A4解決**。最終希望能做成像右頁那樣的新聞稿。

以照片為主的新聞稿 讓媒體比較省事

收受新聞稿的媒體相關人員每天都很忙碌。一天平均會收到200件以上的新聞稿，但很遺憾的，大多數都是進到垃圾桶。所以高明的新聞稿就是要讓記者省事。比方說，如果是郵寄，就要裝入透明信封，以省去拆封的麻煩。若寫有地址的那一面翻過來立刻能了解內容的話，記者們會很高興。再者，要揚棄只有滿滿文字的新聞稿，改以照片為主角。**讓照片占據A4的上半部是理想的做法。記者對那照片感興趣才會去讀文字的部分**。從引人注目的角度來看，標題也很重要。此外也別忘記註明這是新聞稿。**正文部分採條列式，而不是完整的文章，媒體也會比較省事**。再說一次，詳細內容待受訪時再說明即可。首先要以促使記者「想採訪」為第一優先。

製作有效的新聞稿

標題

明確註記這是新聞稿！要在廣告詞中加進一些有益地區、社會的元素。只是宣傳的話，媒體不會採訪

照片

媒體相關人員沒有時間看文章。以「讓能夠感染人的照片占很大版面」的方式編排。如果沒有自己的照片，就用從Shutterstock買來的意象照

反向提案

反過來提議「如果有這樣的特輯，請一定要報導」的區塊，以便更有可能接到媒體相關人員來電。這部分也是用條列式書寫比較好

聯絡方式

詳細載明你公司的聯絡方式、負責人、休假或外出時的代理人、方便聯繫的時段等，以便能接到媒體相關人員的來電

內容

內容最好採條列式。對媒體相關人員來說，這樣要比完整的文章容易閱讀。對方在採訪時會詢問詳情，所以可以不用多談

STRATEGY 07 和媒體打交道要從這裡做起

新聞稿的發送名單至少「75」

新聞稿應該透過郵寄送達各個媒體。用傳真的話，字可能會糊掉，何況不是全彩，作為主角的照片看起來一點也不吸引人……，最重要的是會用到對方公司的紙總覺得不太對。那麼，如果透過電子郵件傳送……，這世上最可怕的莫過於陌生人寄來的附加檔案（笑）。所以最好是以郵寄方式送達。根據我們的經驗，那數量是「75」。報紙、雜誌、電視台、廣播電台、免費報紙、網路新聞媒體等全部包含在內，**最少要同時將你的新聞稿發送給75個單位。這數字是根據過去統計的結果，「發給75家媒體，起碼會有一家來電詢問」**，但實際上和你的新聞價值息息相關。所以理想是要「超過75」。因為要郵寄，若能將這75家媒體的地址製成表單，最終能印成標籤的話，做起事來就會很快。

如何取得媒體的地址、收件人？

一定會有不少人心想「那要怎麼取得各家媒體的地址？」。在日本有方便好用的工具書叫《大眾傳媒電話簿（マスコミ電話帳）》（宣傳會議），在書店和亞馬遜可以找到。它就像是一本每年發行的全日本各媒體相關公司的通訊錄。第一步就是先弄到這本書。另外，雜誌上一定會登載發行的出版社名稱和地址。把你希望產品能登上的雜誌全部買回來製作名單，也是一個辦法。雜誌裡一定會夾著讀者意見回函卡和定期訂閱明信片。把新聞稿連同這些一起裝入信封，同時在信封上註明「內有填好的意見回函」的話，媒體開封閱讀的比率會顯著提高。電視公司的地址則可上網搜尋。如果是電視節目，收件人的地方還要註明節目名稱。另外，也別忘了發新聞稿給地方的有線電視台。**像這樣列出清單，半個工作天即可完成通訊錄。**

製作發布消息的媒體清單

把新聞稿郵寄給清單上的媒體。用通訊錄軟體或Excel管理，使收件者資訊可以做成標籤。

STRATEGY 08

品牌形象會因為曝光的媒體而改變

品牌打造在選擇媒體時要以形象優先

假如新聞稿很成功，你的產品因而登上媒體版面，這時可能會有看到那篇報導的其他媒體主動聯絡，要求報導貴公司的產品。我們稱這種狀況為「媒體引來媒體」。這時要小心的是「盲目感」。以為盡量多在媒體上曝光比較好，**或許就會不假思索地同意任何媒體的邀訪，然而，假使登上那家雜誌或電視節目有可能對你的產品造成不良影響，就要鼓起勇氣回絕，或是排出優先順序**。創立自夏威夷的口服式體香劑〈BODY MINT〉登陸日本後，初期主要爭取登上外資系統的時裝雜誌，然後才是日本的時裝雜誌、女性週刊，如此分階段地在媒體曝光，成為別具一格的品牌。甚至獲得美妝保養品相關獎項的肯定。是帶著品牌打造意識爭取媒體曝光的一個例子。

媒體戰略要注意的幾件事

在產品品牌打造的過程中，有媒體反過來提出「可以以你的產品為主題，安排與藝人等進行對談」的邀約……。我想提醒各位的是，這種對談需要支付費用。假使對方的形象與產品概念和所設定的人物誌相符，當然可以接受對談，但付費是常有的事，請留意這一點。再者，**接受過採訪後，就要小心呵護與該媒體負責採訪人員之間的緣分**。媒體朋友常會調動、換東家。而在新的工作單位說不定也可以一起合作，所以請務必保持聯繫。另外，有「公關代理商」這樣的業者可以代辦整個前面談到的新聞稿製作和發送工作。利用這樣的專業服務也不錯，但本書的方針是「讓品牌打造的實用知識留在自己公司」，所以要先嘗試靠自己的力量達成。

刊登的雜誌也會影響產品形象

STEP

〈BODY MINT〉的品牌打造第一步，是先爭取在外資系統時裝雜誌上的非付費宣傳

STEP

徹底建立起進口時尚產品的形象之後，接著則是爭取在日本時裝雜誌上刊載

STEP

最後是登上一般情報雜誌、各種業界雜誌、報紙、免費報紙等，尤其是不在意形象地曝光

雜誌刊出後的存檔方式

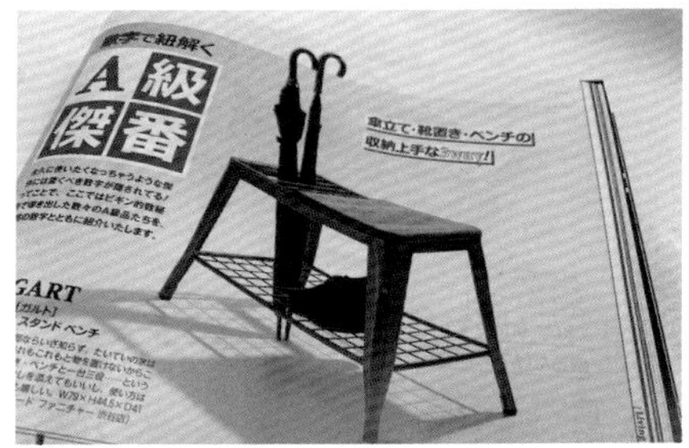

上了雜誌見報後，務必將報導頁面連同封面、題字一起保存，並在網站等處公開

STRATEGY 09

「受社會歡迎」在現代是品牌打造不可回避的責任

為產品添加倫理的部分

「為社會喜愛的產品」容易被印刷出版。這表示產品本身就有考慮到環保或少數族群，但也包含銷售機制或收益的利用方式對社會有益這一點。**「售出一件就捐出部分收益用於○○」這類的產品，稱之為良心（Ethical）產品。**「ETHICAL」的意思為倫理的。美國以鞋子為主力產品的品牌〈湯姆斯（TOMS）〉就是其中的代表。正如他們所提出的「買一捐一」標語，每賣出一雙鞋，他們就會捐贈一雙鞋給經濟貧困國家的孩童，因而持續獲得社會大眾的支持。同樣是鞋襪類的話，還有俗麗的襪子品牌〈Blue Q〉。在花哨的外表底下，其營業額的一部分會捐給無國界醫生組織，產品標籤上也如此清楚記載著。日本國內則可舉岩手縣的〈葛卷紅酒（KUZUMAKI WINE）〉為例。其捐款給釜石市橄欖球隊「海浪」的酒也慢慢地成為話題。

與學生或孩童攜手合作

在利用受社會歡迎爭取媒體曝光機會這個主題上，我還想提的一點是**「與學生或孩童合作」。畢竟創業教育在日本已盛行多年，這做法很容易成為新聞話題。**鳥取縣民自豪的〈白玫瑰牛乳（白バラ牛乳）〉正是因為這樣使媒體曝光率大增的品牌。他們與在地高中生共同進行開發的是冰淇淋。讓高中生動腦筋想口味，並實際在超商等零售商店販售。眾多媒體爭相報導這一連串的故事。值得一書的是，在那之後該品牌與那所高中和參與的學生仍然繼續交流。負責這項計畫的白玫瑰牛乳工作人員榎田勝文先生日後特別前往學校舉辦演講，雙方的關係一直持續著。也許就因為這樣而吸引一批未來的幹才加入。**和地區的學生、孩童攜手合作，所獲得的成效似乎遠遠超過媒體曝光。**

透過購買給予援助的產品

利用購買使企業捐出部分收益，
或讓某些人獲得捐贈的良心產品實例

與學生合作成為新聞話題

2017年4月21日刊載　日本海新聞

2017年（平成29年）4月21日　金曜日

大山乳業と共同で県産イチゴのアイスクリームを商品化した倉吉総産高の生徒ら

「いちごアイス」できました

大山乳業と倉吉総産高がコラボ

大山乳業（琴浦町）と倉吉総産高の生徒が、湯梨浜町産イチゴ「紅ほっぺ」を使ったアイスクリーム「いちごアイス」を共同で商品化した。25日に鳥取、島根両県のローソンで先行販売を開始し、5月1日から県内の量販店で取り扱う。

アイスには、ジャムに加工しても発色の良い紅ほっぺを混ぜ合わせた。着色料は使用していない。いちごの粒を混ぜたホワイトチョコでコーティングしてある。パッケージには、擬人化したイチゴや同社のマスコットキャラクター「カウィー」をあしらった。製造個数は5万個。価格は100円（税抜き）。

同社が取り組む6次産業化の一環で、同校生活デザイン科2、3年生7人が昨年9月から企画に携わった。18日に県庁で発売報告があり、いずれも3年の伊達千明さんと有福綾美さんは「製造工程が見られたのは貴重な体験だった。パッケージは一目でイチゴのアイスだと分かることをポイントにした」と振り返った。

試食した平井伸治知事は「紅ほっぺだけに、食べるとほっぺが落ちそう」と得意の駄じゃれで応えた。

2017年4月19日刊載　每日新聞

県産イチゴをアイスに

パッケージも　高校生の視点で開発

大山乳業×倉吉総産高　25日から先行販売

大山乳業農業協同組合（琴浦町保）が県立倉吉総合産業高（倉吉市小田）の生徒と共同で、県産イチゴを使ったアイスを開発した。25日から鳥取、島根両県のコンビニエンスストア「ローソン」で先行販売する予定。商品化に携わった生徒は「さわやかな味を多くの人に楽しんでほしい」と話している。【[illegible]】

イチゴのブランドで県産の「紅ほっぺ」を使い、若者の視点を取り入れたアイスを作ろうと、大山乳業が同校に提案。生活デザイン科の生徒7人が中心となり、昨年9月から取り組み始めた。

生徒らはイチゴに合うチョコレートの種類などを提案。紅ほっぺのジャムを練り込んだアイスを、イチゴ味の顆粒を交ぜたホワイトチョコで包み、さわやかで濃厚なイチゴの味が楽しめるようにした。イチゴをイメージしたキャラクターが描かれたパッケージも担当。価格は高校生が気軽に購入できるよう、108円に抑えた。

18日には生徒らが県庁を訪れ、平井伸治知事に商品化を報告。アイスを試食した平井知事は「イチゴの甘さが口の中でとろけるようだ」と絶賛していた。

イラストを手がけた有福綾美さん（17）＝3年＝は「一目でイチゴ味と分かるようなデザインにした」。開発に携わった伊達千明さん（17）＝同＝は「地元だけでなく、県外の人にも味わってほしい」とPRしていた。

25日にはローソン倉吉駅前店で、生徒らによる試食イベントが開かれる予定。5月1日からは、県内のスーパーなどでも販売するという。

大山乳業と倉吉総産高の生徒が共同開発したアイス

開発した商品をPRする生徒ら＝いずれも県庁で

STRATEGY 10

若能出書是最好的品牌打造

廣告和故事的集大成就是書籍出版

「一去工廠參觀立刻成為那家公司的粉絲」。這種人很多。畢竟是花時間去了解公司是在怎樣的背景下創立、投注多少心血設計開發，又是多麼細心地製造。如果要說其他與此相似的吸引粉絲方式，那就是幫你的公司、產品出本書。本書中已多次提到的〈BAEREN〉也是因為出書而培養出更為廣泛且深入，超出顧客層次的粉絲。雖然這絕對不是件簡單的事，但**廣告和故事的集大成就是出書。當作是產品品牌打造重要的必經之路（非終點），以出一本與公司、產品有關的書為目標絕不吃虧**。有句話說：「若有自己想成為怎樣的人的清楚形象，那麼所作所為都要當自己已是那樣的人。」你的產品現在雖然還稱不上品牌，但每一項舉動都要當它已成為足以出書的品牌。事實上這是建立品牌最快的方法。

要出版書籍!?問題是不知該從何處著手

我雖然建議各位「把出書視為品牌打造的一環，朝著那目標前進」，不過事實上，出版社在「為了你公司要建立品牌而出書」這件事情上很消極。一本書要能夠出版，出版社必須負擔推出上市以前的初期成本。所以出版社真正想出的是「好賣的書」，而不是你想寫的書。因此，**如果立志要出書，那麼首先你的公司就要有做出許多讓其他公司「很好奇、想仿效」的獨特舉動。而且還要有容易記住的數字**。「短短〇年營業額就成長為全都道府縣的第一名」，最好有像這樣簡單明瞭、可以表現在書腰上的數字。若具備上述兩點，出版社立刻會對你的企畫表現出興趣。務必將這兩點視為通往出版之路，時時記在腦中。也可以略過上述兩點，選擇「訂製出版」。這就像是企業版的自費出版。費用因出版社而異，日本的行情大約是數百萬到將近1千萬圓。

寫給本書讀者的話

我想因為書籍的出版，對BAEREN有更深入了解的人應該變多了。社群網站上的訊息不斷更新，發行至今已過了4年，我現在仍然會收到「看完整本書了喔」、「覺得好感動」、「我變得更喜歡BAEREN了」等眾多留言。因為讀了這本書而喜歡上BAEREN的人真的很多。在這些人當中，甚至有人感動到毛遂自薦，最後真的成為了本公司的員工。

BAEREN釀造所創始人／專務董事　嶌田洋一

強化工廠開放參觀措施是產品品牌打造的一環。台灣有觀光工廠這樣的概念，參觀工廠日益走向娛樂化。

STRATEGY 11

發樣也是極為重要的品牌打造

產品的發樣同樣要在令人意想不到的地方進行

所謂「發樣」，就是發送產品的樣品（試用品）。常見的〈紅牛〉能量飲料甚至會準備專用車輛，在活動現場進行發樣。〈MINTIA〉則是在街頭做發樣。發樣人員身上穿的制服會讓人留下印象。也就是說，**假如不是「單純的發送樣品」，而是在打造品牌的話，「包含車輛、人員、制服等都讓人加深印象」很重要**。那麼，要在什麼地方進行發樣呢？除了產品展覽會場、市場之外，就創意的角度，我希望是「令人意想不到的地方」。前面提過的例子口服式體香劑〈BODY MINT〉在馬拉松大賽的終點發送樣品。就因為那個時機點所有人都會在意身上的汗臭，所以大獲成功，為品牌建立踏出一大步。用點技巧交涉和提案，任何地方都可以發送樣品。**列出與你產品設定的人物誌、概念、價位、品味相符的場所、時機吧。**

不是只有發送擺放也可以是發樣

發樣並不是只有面對面發送一種方式。連同POP一起放在某個地方也是一種發樣方式。這同樣可以在「意想不到的地方」進行，端看你如何企畫和提案。前面提到的〈BODY MINT〉在登陸日本之初，將樣品擺在新宿二丁目附近的同志酒吧廁所做發樣。在具購買力、愛打扮、喜歡新奇事物，又會積極進行口碑傳播的LGBTQ之間成為話題。這也是交涉之下的結果。高爾夫球練習場、健身房的更衣間、美髮沙龍的梳妝台等，創意無限。不過，因為沒有工作人員，所以**放在一起的POP廣告要很講究。不妨以主視覺為藍本，並按照該場所和客群的屬性調整廣告詞**。另外，裝樣品的器物也很重要。連這部分也一併交涉才算是細心。右頁刊登了實例。發樣也要毫無疏漏！品牌打造無休止之時。

高中生設計的產品發樣提案

濃醇番茄汁的
發樣提案

- 午餐時的員工餐廳
- 溫泉、澡堂的更衣間內
- 燒烤等肉類料理店

愛宕梨果乾的
發樣提案

- 作為馬拉松大賽的參加獎
- 飯店的早餐（搭配優格用）
- 發送給夜間長途巴士的乘客

紫蘇醬油的
發樣提案

- 在宅配壽司店以小包裝供應
- 成人日托中心的午餐
- 高速公路休息站的餐飲店

這是讓人自由取用的東西，對某些產品來說，健身中心的更衣間或出租會議室等，也是很好的發樣地點。

STRATEGY 12

用點巧思設計標籤會讓產品價值提高到這種地步

成為內建品牌將產品價值極大化

我現在要談「內建品牌」的概念。舉個例子，「內建英特爾（Intel Inside）」就是貼在筆電擺放手的位置以作為證明的標籤。沒有這標籤的話，我們不可能知道電腦內部使用的零件是〈英特爾〉這個品牌，或許也不會感受到使用這樣零件的價值。假使你所販售的同樣是用於某項產品「內部」的原物料，別甘居幕後，要拿出企圖心積極進行品牌打造，確立內建品牌的地位。近來，有愈來愈多的餐飲店會在菜單上標示「此可樂餅是以○○的油油炸製成」、「此鬆餅使用○○的奶油」等。這正是內建品牌。**你要積極進行交涉，讓客戶願意將這樣的標示和LOGO一起放上產品。這是經營這類產品的企業可以做的一種品牌打造。**

作為內建品牌要準備這樣的標籤貼紙

內建品牌就因為是「用於某項產品內部的產品」，所以不會引人注意。右頁的實例是高山滑雪選手裝在滑雪靴上使轉彎更容易的產品〈STEALTH TECH〉，由於它安裝在靴底很不顯眼，所以廠商為購買此產品的滑雪選手準備了貼在鞋子後跟的標籤貼紙。隨著在滑雪場看到這標籤的機會增多，會出現更多「噢，你也是！」或「在哪裡可以買到？」的對話。事實上，STEALTH TECH問市後短短幾季就在滑雪選手間爆炸式地傳播開來。**你的產品也要準備一個像「Intel Inside」這樣的小標籤或LOGO，以提高內建品牌的存在感。**不過，大前提是這類標籤的設計要好看。包含設計在內，致力追求附加價值吧！

提高內部所使用的產品價值

STRATEGY 13

要由誰來推薦你的產品？

品牌的盟友——背書人

要製作有效果的廣告，需要為你的產品找到「背書（ENDORSE）」。「背書」帶有認證的意思。換句話說，**背書人就是「高度肯定你的產品的人」**。舉例來說，牙刷廣告常會看到像是「獲得八成牙醫認可」這種自家調查型的背書。簡單即可，希望你的產品也能有這樣的數字。美津濃的發熱內衣〈BREATH THERMO〉刻意不找運動員而找郵差背書，以「推薦給所有與寒冷搏鬥的人」的文案推薦產品。我覺得很高明。〈藥用肥皂MUSE〉則是刻意用「有八成醫師的家庭……」這樣的說法推薦，而不找醫師背書。這妙極了。要怎麼兜在一塊，隨你自由發揮。**務必找好能推薦你的產品並提高產品價值的背書人。也可以由自家公司進行調查，利用問卷和統計確認產品的支持率吧！**

如何收集背書？如何用在廣告上？

如果感覺找人背書，或自己調查產品的支持率很難，不妨結合前一項的「產品發樣」一併思考。比方說，假如你覺得漁夫可能會使用你的產品，那就去找漁船、工會或認識的人，並發送樣品給漁夫們試用。然後透過問卷或訪談調查他們的使用感想、滿意度，再進行統計，若能得到「八成山陰地方的漁夫都大讚〇〇」的數據，就完成了。即使對象是外國觀光客也一樣。運用門路和頭腦，朝著最後可以得到「來大阪的外國觀光客七成都說好吃」的方向進行發樣調查。因為是統計，發樣和得到的回答數量當然愈多愈好。那麼，要如何利用這些背書呢？只要搭配主視覺，品牌打造便前進一大步。

有時比「知名人士推薦」更強勁有力!?

STRATEGY 14

任何產品
最好都有品牌大使

你的產品
若能任命大使……

繼背書之後又是外來語實在不好意思，接著要談的是「Ambassador」。**Ambassador直譯的話就是「大使」的意思。即建議組一支親善大使團，幫忙向世人宣揚推廣你的產品**。沒有規定一定要多少人，但若能找5～10人，將他們的照片在網頁上與你的商品擺在一起會很酷。不過，不能使用像護照那樣的大頭照。請備齊可讓人感受到產品和品牌大使之間連結的照片。若舉美妝保養品牌〈FAITH〉為例，其代言人的照片見右頁。用這樣一致的感覺將品牌大使排出來就會很好看。前面提到的〈紅牛〉和戶外運動品牌〈巴塔哥尼亞（Patagonia）〉都是**傾力於品牌打造的公司，他們的網站上也有像這樣介紹品牌大使的頁面**。透過品牌大使傳遞品牌的訊息。

品牌大使要選擇
非遙不可及的小名人

品牌大使不必一定要是藝人。不是簽約付費，純粹因為是產品的忠實愛用者而請他代言，這樣比較好。因此，基本上要找非經紀公司旗下的人當品牌大使。話雖如此，但畢竟是「大使」，若不具備超過常人的影響力對品牌打造便無效。**重點是小名人。雖然不是全國知名，但在局部地區或業界小有名氣，擁有自己的粉絲和社群的人。把這樣的人集合起來作為品牌大使很恰當**。比方說，假如你販售的是廚房相關產品，那麼找地區熱門料理教室的主辦者如何？如果對方和你的產品概念相合，又能打動你假想的目標顧客，不妨請他代言。像這樣**集合5～10人，加上優質的照片一起登在網站或印刷品上做介紹**。對於品牌大使不付酬勞或多少付點酬勞皆可。應該也可採用提供物品的方式。

美妝保養品的品牌大使實例

FAITH的品牌大使

FAITH的美妝品與經過選拔的品牌大使
一同將其魅力傳遞給全日本的使用者。

C.TAKIJIMA

H.KOTAKA

M.KURIHARA

M.SHIGETOME

M.TAKEDA

C.PARK

STRATEGY 15

比大使更輕鬆愉快 具有事件性的傳播法

利用狗狗大使傳播 毛小孩的洗髮精

前文提出了任命品牌大使幫忙向社會大眾發送產品的訊息，擴大產品銷路、塑造形象的構想，這裡要再介紹幾個更輕鬆愉快的方案。右頁是大阪的洗髮精製造商〈Feau Fleur〉推出的毛小孩專用洗髮精。它採用與人類用洗髮精同樣等級的高級原料製成。而且，為了推廣這款洗髮精還起用「狗狗大使」。不過，其實企畫很簡單。「請提供飼主和狗狗一起享受洗澡樂趣的照片。我們會登在IG上」，只是這樣鬆散的企畫。飼主和毛小孩一組，共同擔任「大使」。不過，**在日本實際要進行這種把照片登上網路的企畫時，很多人會表示「不太想露臉」。這種情況就可以利用洗澡時的角度、動作和泡沫遮住飼主的臉。**

擅長利用顧客和主題標籤 進行傳播的品牌

2017年誕生於洛杉磯的瑜伽服裝品牌〈Alo〉很快就發覺IG的重要性。他們首先採取的行動是，將自家的瑜伽服裝分送給瑜伽老師。然後請瑜伽老師穿著他們的瑜伽服做出很難的姿勢拍照並上傳。對瑜伽老師來說，這正是展現自身本領的時刻。**於是他們競相提供需要高度技巧又美麗的照片，結果這些照片為該品牌瞬間擴展到世界各地做出貢獻。**另外，他們還針對一般使用者這樣做……。只要在IG上搜尋「alogives」，就會出現許多身穿瑜伽服的人們在手掌等處寫有數字的美麗照片。那數字代表他們開始練瑜伽的年齡。**大家都會加上「#alogives」的主題標籤上傳照片，所以照片每天持續增加。這也是品牌打造的一環。**同時也促使Alo開設針對兒童的瑜伽教室（社會公益活動）。

B2B產品也可以有品牌大使。這時不僅用個人，或許也可以選擇用客戶的公司當作品牌大使。

STRATEGY

第 9 章

作為品牌打造一環的
展示器具、POP廣告及促銷品

For Better Branding

STRATEGY 01

批售時不要認為銷售標的只有產品

為賣場帶來世界觀的整套展示器具和POP

從事進口或批發生意的公司每天在做的就是B2B的推銷。這種場合可以做的品牌打造是什麼呢？一是，**不只是商品本身，連同展示器具和擺設在產品四周的POP這類商店會用到的物品都要準備齊全**。而且要依據產品的類型、尺寸，以及零售店賣場的面積、銷售人員、現場氛圍做準備，例如以幼兒用餐具〈iiwan〉為例，他們會備齊整套裝飾零售店貨架的物品。若有商店可使用的促銷配件，推銷起來一定更加順利。推銷得很順利便會加深自信，根據我長年擔任顧問的經驗，這樣的工作人員增多也會增強公司的氣勢。而且最重要的是，品牌就是靠著傳遞一種世界觀、想像和故事進行銷售。不僅產品，連同這一類物品也準備齊全可說是品牌打造的極致。

有整體感的展示器具和POP會讓推銷變得格外輕鬆

我一再提到，備妥包含POP、展示器具在內的促銷配件的好處在於「推銷會變得很輕鬆」。「品牌打造就是要讓產品沒推銷也賣得出去」，而準備成組的促銷配件便是那微小卻偉大的一步。因為是B2B，會買你產品的零售店採購員會優先採購感覺很好賣的產品，而非好的產品。所以在洽談的時候，重點是要讓對方覺得「有這些促銷配件的話感覺會很好賣……」。老實說，也許還有其他類似的產品可以用更便宜的價格買進。但要是**採購人員覺得「這產品的促銷配件這麼齊全，就是它了吧……」，最終還是會選擇你的產品**。零售店的工作人員每天都要把送來的紙箱拆封後上架、接待客人加上長時間站立……忙到根本沒空製作促銷品或POP。這正是我們對零售店能提供的援助。

連同促銷品和POP廣告一起批售

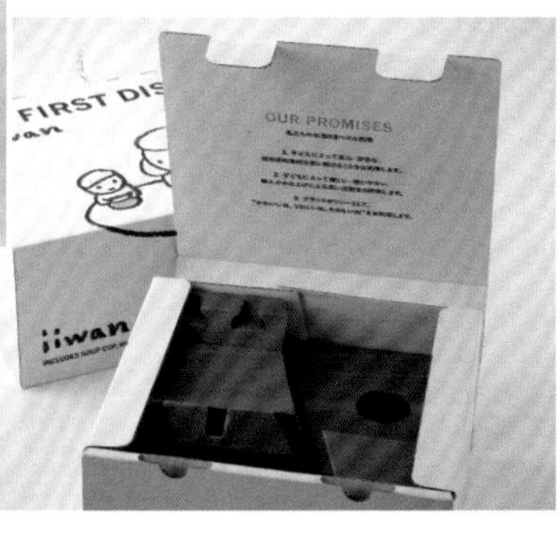

不只產品的包裝，包括促銷品和POP在內要整個請設計師設計，這才是品牌打造。

STRATEGY 02

面對採購員 也需要打造品牌

展示器具、POP、促銷品 全部匯整成一本簡介

交貨時要無償提供展示器具或POP等成套促銷配件給零售店，或由零售店買入都可以。重點是兩種方式都要有眾多選項。因地域和形態的不同，商店也各式各樣。**促銷品能不能擺放也要看零售店的空間大小、與產品所傳遞的訊息合不合而定。讓店家可以選擇才是真的有為人著想。**最終目標是要像旅行社的簡介一樣，將促銷配件匯整成一本小冊子，薄薄幾頁就行了。假使沒有多餘的資金可製作小冊子，促銷品的件數也不多，印成單張的簡介也無妨。不論如何就是**別把促銷品和器具全帶去談生意，腋下夾著這小冊子跑業務會格外增添品牌之感。**最重要的是告訴對方「我們想在賣場營造產品的世界觀，所以連器具也一起……」，若能為你的產品爭取到更大的面積自然再好不過。那是推銷和品牌打造雙方面的重大成果。

影像也是促銷品 傳達品牌的想法

我們在第7章一起學過有關影片的部分。假使要**製作產品影片，就把短片版也加入促銷配件中吧。**我們常在零售店貨架上看到自動重複循環播放的產品影片，那也是促銷品。若能連螢幕一起無償租借給零售店，用以吸引顧客駐足觀看，那是最好。既已拍攝影片就要靈活運用。這是最好的降低成本方式，所以希望也能考慮這一點。不過，**這支零售店版的影片要很短，必須經過剪輯。讓經過貨架前的客人感到驚豔而停下腳步觀看需要15秒，長則30秒。**這是作為促銷配件之一的影片應當有的長度。附螢幕的可攜式DVD很便宜。可以將影片燒成DVD，設成可循環播放的狀態出借給零售店。開發者或社長的純粹訪談影片或許也很有意思……。

備齊促銷品和POP做成簡介手冊

與採購人員談生意時使用促銷品和POP的簡介手冊會談得很熱絡，讓採購員感覺「這可能會大賣……」。

STRATEGY 03

傳達出多少製造者的想法是關鍵

不是讓產品上架而是在賣場打造世界觀

若要將前面所談的先做個整理，那就是為產品建立品牌不是只考慮產品的行銷、販售。**重點是在零售店中「利用展示器具、促銷品營造出產品獨自的氛圍，或是占有較大面積」**。那氛圍或面積會讓人感覺有別於其他產品，我稱之為「世界觀」。你的產品只要具備世界觀就能在賣場中引人注目。有世界觀的話，消費者就會覺得「好帥」、「好可愛」，有種連世界觀一起買下的錯覺，因此就算多少比其他公司的產品貴一點也能賣得出去。咖啡也是同樣的道理。人們不是付錢買一杯咖啡，而是付錢買咖啡帶有的氛圍……也就是世界觀。因為喜歡咖啡的世界觀，所以即使一杯要價600圓也會去光顧。**不要只為了讓產品上架而推銷，而要在零售的現場打造產品的世界觀，那才是品牌打造要做的事。**

終極的目標是店中店

比方說，走進電氣產品的大型量販店會發現，只有〈Apple〉的櫃位清清爽爽。採用極簡設計的一角散發著清冷的氛圍。無疑正是蘋果公司的世界觀。近來各家手機通訊業者也跟進，在大型量販店中的一角開始各自建構自己的世界觀。**我稱店鋪中這樣的角落為「店中店」**。會用展示器具和POP裝飾貨架之後，下一個為產品打造品牌的目標就是，在零售店裡打造店中店。不是像蘋果公司那樣大規模，真的就是一個小角落即可。非常設櫃位，有限制期間也沒關係。在為產品打造品牌上重要的是「盡可能將製作者、賣方的訊息直接送達顧客」。**店中店不是透過文字，那空間的氛圍就是來自品牌的訊息。這對於建構品牌能帶來極大的貢獻。**

向社會大衆傳送品牌的世界觀

LEVEL 1

只是產品的批發和販售
（訊息性很弱）

LEVEL 2

產品搭配POP
（稍微提高訴求的力道）

LEVEL 3

產品＋POP＋展示器具銷售
（很像品牌打造的作風）

LEVEL 4

打造店中店
（讓顧客感受其世界觀）

STRATEGY 04

不花錢也能立刻打造賣場

只用紙箱也能做成這樣的陳列架

傾力建立品牌的公司對連同產品一起批給零售店的器具也會絞盡腦汁設計。右頁是〈LIGHT HOUSE〉的照片，這家公司專門精選販售國內外會讓寵物和主人都高興的周邊產品和食品。它的產品在全國各地的寵物店都很引人注目，主要原因就在於展示器具之優良。**其利用器具，而不只是產品，在賣場裡傳達他們的世界觀這部分非常出色。**相信不少朋友會覺得「沒有多餘的心力製作那樣漂亮的器具」。在品牌打造上最好的莫過於用瓦楞紙製作獨創的展示器具，但為削減成本，製作產品標籤貼在現成的素色展示器具上也是一個辦法。藉由調整列印費用和批數可節省花費。請試著用「店鋪 展示 紙箱紙 器物」字串上網搜尋。推薦〈賣場職人（https://www.ddbox.jp/）〉給各位。

其他會讓採購員喜歡的展示器具、促銷品

說是展示器具，其實就像陳列架，包含收銀台旁排放產品的立架在內，其種類無限，但**我希望各位動腦設計的是「零售店會喜歡的展示器具和促銷品」**。例如像右頁那樣放在陳列架上讓產品看起來更高檔的台子，我稱它為「坐墊」。只是個台子的話沒有意義，所以要依照產品概念貼上絨布、榻榻米、皮革、人工草皮等，多少加工一下，讓它看起來有點魅力，這種坐墊就是簡單且討喜的展示器具。提供貼在商店地板上的巨型貼紙當作促銷品，讓商品多售出一件也好，這也是一個點子。因為每家商店的地板都很冷清……。說到巨型貼紙，若是像超級市場那種有購物籃的店家，貼在籃底的貼紙也還滿討喜的。**「做其他公司都在做的事」並不是戰略。務必仔細研究商店的賣場，設計出沒有其他公司使用的展示器具和促銷品！**

100% HUMAN GRADE
ヒューマングレード
これが「オネストキッチン基準」です
THE HONEST KITCHEN
チキンレシピ
お家のキッチンで作ったような
あたたかい手作りフード
フィッシュレシピ
歯が弱い・食欲がないシニア犬にも!!
手作り食が簡単に!!
人の食材と同じクオリティ
ベースミックス
フルーツ&ベジタブル
オールナチュラル
もちろん安全でおいしい!
100% HUMAN GRADE

petstock rewards
Rewards that are better than a belly rub
PREMIUM FOOD
FLEA & TICK TREATMENTS
15% off
EVERY DAY
IN BRAND CASH BACK!*

STRATEGY 05

讓POP也為打造品牌做點事

別交給店家自製POP 要設計有整體感的POP

大多數商店都很忙，沒有閒情逸致製作POP是實情。因此，要以由我方提供POP為前提洽談生意。而且因為要建立品牌，這部分也要像前面所談的那樣，備妥設計漂亮有整體感的POP。說到製作POP，往往就是「現正熱賣中」、「不知該選哪一個的話，就是它！」、「電視節目介紹過」。不過，**品牌打造用的POP，我希望要著重在「製作者的想法」**。用POP秀出製作者的長相，同時介紹他的想法。這是最基本的。另外，**讓人看見「差異」也是品牌打造很重要的一環。在POP上說明與競爭產品有何不同也是不錯的點**子。也可以利用POP讓人認識品牌大使。用好看的照片和幾句話為每位品牌大使製作POP，只是這樣也很豐富多采。

貼近零售店所在地和客群的客製化POP

假使要做POP，不要只是利用設計表現出美麗的整體感，還要準備多種不同的版本。比方說，即使是連鎖的零售商店，客群也會依所在地區而有差異，那麼決定購買的主要因素，也就是動聽的廣告詞和要素也就不一樣。口服式體香劑〈BODY MINT〉針對連鎖店客戶所做的正是這樣的策略。**他們在全連鎖店數十位店長聚集的場合做簡報，提出眾多選項讓所有店長「從中挑選適合自己店鋪的POP」**。通過POP的製作，大家感同身受他們對店鋪的體貼心意，銷售態度非常積極。結果就是，產品在那家連鎖店銷售長虹。順帶說一下，我過去出版過許多商業書籍，每次都會針對書店製作多款不同版本的POP。因為車站內或機場內的書店，以及大街上的書店，客群和走進書店的理由各不相同。

備妥「可供選擇的POP」

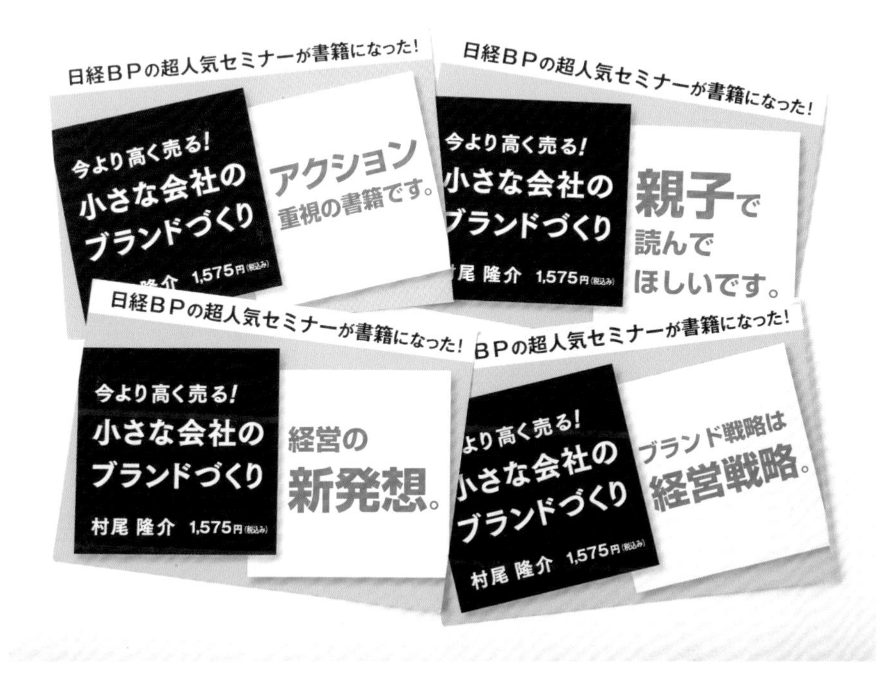

《小公司大品牌》

《小公司大品牌（今より高く売る！小さな会社のブランドづくり）》（日文版為日經BP，中文版為天下雜誌出版）一書上市時，我準備了多種廣告詞的POP，請各書店的店長或負責進書的專員選擇適合所在地區客群的POP。另外，我還為了製造新聞話題，在啟售日前後以〈72小時書店馬拉松〉為題，舉辦作者用跑的將POP親自送達東京都內各家書店的活動。

好久沒提到的人物誌再度登場。製作多種版本的POP時，可以想像設定的假想顧客光顧店裡時的心情和理由。

STRATEGY 06

讓在此處販售的事實顯得很特別

品牌打造的世界同樣重視零售店的門口

在品牌打造的世界裡，有時會利用「店門口」提高產品的價值。首先請各位一起來看。右頁的貼紙是由我們批發業者提供，請店家貼在店門口，視情況也可能貼在收銀台旁或其他地方。內容就是「這裡有販售○○（產品名稱）」或「○○的官方商店」這種感覺。像右頁所舉的例子那樣用英文書寫的話，就設計上來看會更酷。尺寸和店鋪入口大門上會看到的軟體銀行等的「有Wi-Fi」貼紙差不多即可（想像並排貼在一起的樣子）。佐賀家具製造商〈GART〉更進一步應用這種手法，製作「這裡有使用GART」的貼紙，讓使用自家家具的辦公室和設施貼在門口。這麼做既有宣傳效果，同時可提高自家產品作為品牌的價值。

將販售自家產品的商店巧妙地秀在網站上

從不同的立場來看，會覺得貼在零售店門口的貼紙是我們單方面的不合理要求。畢竟是要人家把我們準備的含有LOGO的貼紙貼在自己公司很重要的店門口。所以大前提是，那貼紙要設計得好看，讓店家很樂意張貼才行。另外，也要考慮到防紫外線、防風吹雨淋，以免很快就變得破舊。並且，為了和零售店建立雙贏的關係，若店家願意張貼貼紙，我們也得全力介紹店家的資訊。在哪裡介紹呢？比如，在產品網頁上。不是只用文字讓人看到店家的資訊，要像右頁那樣，讓販售商品的店鋪顯得極具價值。若能做到這樣，願意張貼貼紙的店家應該會進一步增加，而原本張貼貼紙的店家滿意度也會上升。品牌打造就是一個個微小價值提升的累積。

提供貼紙使產品更有價值

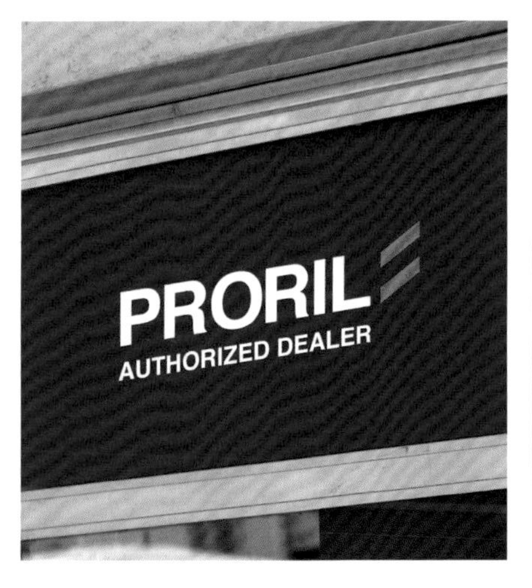

在網站中提高販售商店的價值

BEFORE

sample-starbrand.com

sample-starbrand.com

商品取扱店

最寄りのショップをお探しの方は、地域を選択してください。

北海道

北海道

東北

青森　秋田　岩手　宮城　山形　福島

関東

東京　埼玉　千葉　神奈川　群馬　栃木　茨城

甲信越

AFTER

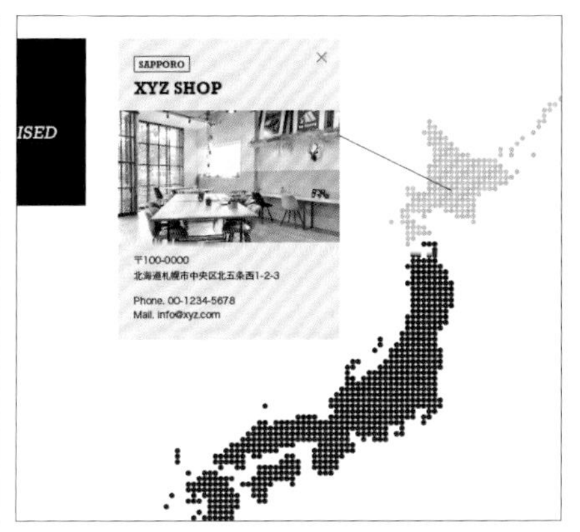

在你公司的網站中介紹販售你的產品的商店時也要用點心思設計。不要採用上面BEFORE那樣無趣的呈現方式，要有讓店鋪看起來很耀眼的創意。所謂的品牌打造就是一種讓產品顯得很特別的行為。讓販售的商店顯得很特別也是品牌打造的分內事。

STRATEGY 07

只是普通的廣告贈品不及格 提供經過深思熟慮的贈品

需要廣告贈品的場面是指？

本章談的主題是促銷品，所以最後我要稍微談一下廣告贈品。打造產品品牌中，在進行B2B的推銷時、產品展覽會、宣傳活動，或要挽救低迷的銷售時，會需要廣告贈品。要建立產品的品牌，我們企業方主動對外發布的「一切」印象都很重要。產品本身的印象自不用說，參與其中的人員、印刷品、網路上的發文、照片，從陳列架的製作到POP的廣告詞，這每一樣都會形成「印象」。當這些片段的印象在消費者腦中凝聚到一定的程度，就會變成品牌。此外，在過去的經驗中，我感覺廣告贈品不論好的壞的都會對品牌打造造成很大的影響。好不容易在其他部分拚命地打造品牌，在世人心中形塑出一如產品概念的印象，假使沒有花心力在廣告贈品上而做出沒意義的東西，消費者會很失望……。廣告贈品是很容易看出最後關頭夠不夠認真的部分。

品牌打造的一舉一動都要有意義

「廣告贈品＝產品印象」，所以想都沒想就在原子筆或毛巾上印上產品名稱，這樣可不行。要建立品牌，每一舉一動都要有意義，這很重要。只是拿一個廣告贈品也是如此。請在廣告贈品中放入什麼會讓收到的人感受到當中的妙趣，或覺得「考慮得很周密」的要素。和產品名稱或概念有關的冷笑話、雙關語也OK。比方說，群馬縣販售潤滑油的〈LUBE TECHNO SERVICE〉，他們在推銷時會遞上與產品完全相反、自創的「吸油紙」。這時必定引來笑聲，使得與客戶間的溝通變得很順暢。這家公司經營的產品是要透過提案銷售的原物料，所以如果能透過廣告贈品加深印象，讓客戶覺得「這似乎是一家會提出有趣方案的公司」，作為品牌打造便很成功。如果贈品只是常見的印有公司名稱的手提袋，也許會是不一樣的結果。

不要只是「印上名稱」的東西

因為是販賣油品的公司，廣告贈品才選擇「吸油紙」

如果是這樣的透明文件夾，就會提高家中存放的機率

STRATEGY
08

豐富多樣的贈品 利用品牌打造擺脫平凡

不是只有筆和手提袋 廣告贈品無限多

除了筆、毛巾和手提袋，可以做成廣告贈品的東西無限多。愛知縣的房屋建商〈NABRAIN〉便將原創的廁所捲筒衛生紙一捲一捲個別包裝當作贈品，非常受歡迎。許多人表示「不捨得用」而將它擺飾在家裡的廁所，廣告效果極大。小信封也是思考上的盲點。需要用時手邊沒有，便利商店販售的又差強人意。你公司若將設計優良的小信封3個一組地送給人，不會有人露出不情願的表情。咖哩料理包和泡澡粉、沐浴球之類的，採用獨家設計的包裝要做多少都沒問題。用「○○ 自創 製成……」的字串上網搜尋會跑出千奇百怪的東西，一點也不誇張。另外，用〈Primium Incentive Show〉做關鍵字搜尋，就能得知其為單獨為贈品舉辦的展覽會。在日曆上標註記號，去逛一下肯定會冒出許多好點子。

若巧妙利用貼紙 可壓低成本且效果最大

作為贈品，「貼紙」便宜又方便。玩滑板、滑雪板、沖浪板等「橫向騎乘型運動」的人很懂得怎樣使用貼紙，但非這類運動人口的成年人，就算拿到貼紙也不知道該貼在哪裡好。遞上貼紙時附帶一句「請貼在電腦或記事本上」之類的，對方會很高興。可是，不要只是送人貼紙，我們自己也可以用，這正是貼紙的優點。貼在素色的透明文件夾上，立刻搖身一變成了自己獨創的文件夾。貼在磁鐵貼紙上，也可以為冰箱換個模樣。**製作貼紙時不要只放上LOGO，不妨再加上一句話。當然，設計一定要好看，否則不會讓人想把它貼在自己寶貝的所有物上。**但如果設計得好，就可能成為最強的贈品。況且只要貼上就會長時間留存。若問什麼樣的贈品在海外會受歡迎，我會立刻回答貼紙，尤其是在美國。

跳脫筆、毛巾、手提袋

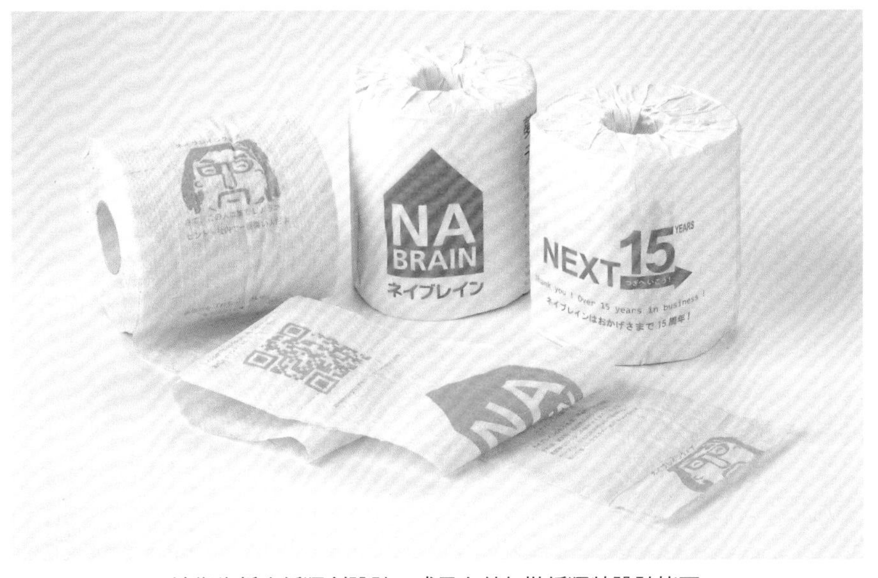

連衛生紙也採獨創設計，或只有外包裝採獨特設計皆可

上網搜尋可找到便宜的貼紙製造廠商，一張成本只要幾圓

STRATEGY 09

放上你的LOGO 別人真的會高興嗎？

所謂的生活風格品牌是最終的目標

最後要談的是「**生活風格品牌**」。這名稱一定會讓許多朋友聯想到製造肥皂、洗髮精的品牌。而我指的是**構成使用者生活的一部分，也就是生活中含有滿滿這類元素，以至於讓使用者說「少了它們，自己的生活就變得很寂寞」的品牌，這類品牌就稱為生活風格品牌**。比方說，對許多人來說，〈星巴克〉即相當於這類品牌。要喝咖啡還有許多其他品牌可以選擇（而且更便宜）。然而，星巴克愛好者喜歡的是拿著那印有綠色商標的杯子走在路上的狀態，是生活風格的一部分。我想對多數人來說，〈Apple〉應該也是生活風格品牌。而至於〈哈雷〉機車，甚至有人會狂熱到把LOGO刺在身上。**品牌打造在歐美的商業界很理所當然。企業就是要朝著「成為生活風格品牌」的目標努力。**

培養出不只是顧客的粉絲

發送印有你產品LOGO的贈品時，如果對方在心裡嘀咕「……要是沒有LOGO就好了」，那可就得不償失。有生活風格品牌之稱的品牌，當然不會讓人有這種感覺。反而會聽到人說「有LOGO好開心，好帥」。我們也應當以收到這樣的反應為目標。建立品牌就是要培養不只是顧客的粉絲。為此，**不要只以品牌打造這樣的層次看待此次計畫，要抱著「我們也要以生活風格品牌為目標」這等氣魄，最後才會比較接近成功**。而加入LOGO的贈品就是要用來確認進展情況。有多少人收到後會覺得開心是很好的檢視機會。鳥取縣的〈白玫瑰牛乳〉以創業70週年為契機，在這一點上大獲成功。在本業的乳製品之外，現今從印有LOGO的T恤到文具、其他雜貨，在全日本各地非常受歡迎。成功提升到生活風格品牌之高度。

朝生活風格品牌進化

📖 寫給本書讀者的話

白玫瑰牛乳發展周邊產品的開端，始於裝壓歲錢用的小信封袋。那原本是創業70週年典禮的紀念品，不料想要購買的朋友蜂擁而至，因而開始在直銷處販售。從此，每逢新產品發售便引起話題，漸漸地開始登上全國各大媒體。尤其受到鳥取縣出身、現居外地的朋友歡迎，如今正逐漸確立其作為鳥取縣特產的地位。承蒙厚愛，除了乳製品之外，我們的LOGO也能出現在各位的生活周遭，真的很開心。

大山乳業農業協同組合　總務部企畫室／公關負責人　福井大介

生產防曬保養品的〈SUNBUM〉也是生活風格品牌。以周邊產品妝點消費者的生活。

STRATEGY

第 10 章

作為品牌打造一環的
推銷、配銷＆網路販售

STRATEGY 01

品牌打造為中長期戰略 不盲目銷售

在哪裡販售？與誰合作？全含在品牌內

被稱為品牌的產品，不僅要注意產品本身，也必須注意其周邊對社會大眾釋放出的訊息。以本章來說，「銷售通路」就是其中之一。你的產品在哪裡販售無疑是一種訊息。因為產品的販售地點而讓人感到「佩服！〇〇居然有賣！」，或相反的「真令人失望……竟然在那種地方賣」……。不僅銷售通路，若是要配送的產品，連負責運送的合作廠商也是產品釋放出的一種訊息。為避免讓人覺得「竟然交給那家送，真『不像他們的作風』……」，仔細挑選合作夥伴也很重要。實際上，擅長打造品牌的公司非常理解這一點。這類企業不僅會選擇「符合形象的夥伴」，平時就會辦理包含協力廠商在內，所有和品牌有關的工作人員的聯合教育訓練。

即使要廣泛鋪貨 也希望重視順序

「如果在意品牌打造，會耽誤開拓銷售通路的速度」，這說法我也同意。想一鼓作氣將產品銷售出去、轉虧為盈的心情是可想而知的。不過，品牌打造屬於中長期的戰略。目的是要「持續一直成功」，而非短期性的成功。因此，儘管早晚都要擴大銷售通路，但我希望能先以產品形象為重，從這觀點去考慮順序並耐住性子。口服式體香劑〈BODY MINT〉為了留住來自海外的品牌＋高價位的形象，發售之初只在〈PLAZA（當時是SONY PLAZA）〉、〈LOFT〉、〈東急HANDS〉這類以定價銷售＋具有影響力的門市販售。從那裡起步，再花數年時間漸漸把通路擴大到藥妝店和電視購物頻道。當初如果想做，也可以一開始就全面同時發售，可是那樣的話，形象和價格方面就不會完全如自己的意。因此選擇重視品牌打造的戰略性擴大銷售通路的做法。

銷售通路也是品牌打造的一環

既然這家店有販售
一定是優良商品！

在這種地方販售的商品
就表示……

**你的產品「在哪家店販售」
也會影響形象**

開拓銷售通路要排出先後順序

忍住「一口氣擴大銷售」的欲望，對維持價格和形象很有效

STRATEGY 02

建立品牌要從客戶名單之首進攻

品牌打造角度的製作客戶名單

B2B在拜訪零售店洽談生意時應該會製作客戶名單。可想而知，他們會列出符合人物誌和產品概念的販售據點作為進攻標的，但正如前面談過的，其先後順序很重要。一開始先爭取在哪一家店上架有利產品形象？隔多久之後才能鋪貨到其他販售據點而不會對形象造成不良影響？請從品牌打造的角度去思考這部分，並製作名單。列在名單之首的「形象良好的販售據點」會隨著產品、業界、原物料、地區而異，但很可能同時也是爭取產品上架難度很高的店。**不過，請不要認為高不可攀便放棄。朝著獲得同意上架的方向不斷淬煉，讓產品和促銷品好還要更好，正是品牌打造的極致。反而應當覺得「得到一個很好的目標」，全力以赴。**

既然那家店有賣……取得信任的銷售布局

我把從名單之首進攻稱為「決戰峰頂」，**一旦成功，產品順利在頂級門市上架的話，要鋪貨到其他販售據點就會輕鬆許多。「既然那家店有賣就安心了」，在對產品的信任和好印象提升後，事情便會朝著理想的方向發展。**書中多次登場的幼兒用環保餐具〈iiwan〉即是其中一例。他們將〈Kodomo BEAMS〉列為進攻名單的首位，成功地鋪貨到BEAMS的童裝門市。之後便「既然Kodomo BEAMS有賣……」，輕輕鬆鬆地談妥其他店鋪。口服式體香劑〈BODY MINT〉也採取同樣的戰略，靠著鋪貨到〈PLAZA〉、〈LOFT〉、〈東急HANDS〉這類頂級門市慢慢建立品牌。但像這樣的店鋪同樣是品牌，交易前在產品責任險方面會被強加許多瑣碎的規範。不過這反而是好事。因為這會使得產品精益求精。

開拓對建立品牌有貢獻的銷售通路

想以高價販售，就要
開拓看來高不可攀的銷售通路。
挑戰在那樣的地方販售
肯定會讓產品淬鍊得更加出色。

由「上」攻起，之後就很輕鬆

「既然那家店已上架，
我們也很樂意販售」
這樣跑業務就輕鬆了。
品牌打造就是要讓銷售變輕鬆。

STRATEGY 03

定價定得高明 才能建立品牌

不是加上兩成利潤 就沒事

許多人聽到品牌立刻會聯想到「價格很高」。然而實際上，各種價位都存在有品牌的產品。〈星巴克〉是世界性品牌；但〈羅多倫〉何嘗不是值得人愛的平價品牌。〈愛馬仕〉是大家公認的品牌；而〈優衣庫〉雖然價位不高，但同樣是品牌。由此可見，品牌不必然等於高價。話雖如此，但中小企業想要打造低價位的品牌並不樂觀。會輕易地敗給有能力實現比你更低價格的大企業。中小企業的理想是「稍高價位」。價格相對較高一點，但仍能讓人樂意掏錢購買，這樣的產品就很好。正如有句話說：「定價即經營」，產品品牌打造的價格設定確實很重要。**產品所傳遞的「訊息」也含在價格內，有些產品差個50圓並不會使客群產生變化。**一起來學習有別於「成本價加兩成」的品牌打造定價方式吧。

價格稍高也能獲得購買 有顧及這一點的才是品牌

粗略計算歐洲豪華轎車品牌1輛車的利潤，據說等同於日本國產車10輛車的利潤。若要在人口日益減少的日本繼續經商，我們也必須多考慮利潤，而非追逐營業額。這是品牌打造此刻受到關注的背景因素。換句話說，要多一點勇氣走「稍高價位」的路線。沒有被迫削價競爭的公司，從員工們在辦公室裡的口頭禪即可看出不同。**那句話是「不降價而提升價值」。降價是任何人都想得到的事。在銷售現場連番降價的話，商業實力永遠也不會增長。**工作人員同心協力思考：「怎麼做才能讓消費者感到有價值，即使比競爭對手貴兩成也會開開心心地掏錢購買呢？」擁有這種職場文化的公司，將來一定會堅毅地繼續存活下去。向「不降價而提升價值」挑戰。當中充滿了品牌打造的重要元素。

不削價競爭的公司，口頭禪很不一樣

「我想，只要比競爭對手便宜就會很好賣」
當然，這句話並沒有錯。
可是，沒有利潤公司無法長久經營。
若持續打折販售，員工也不會具備經營買賣的能力。

「大家一起想辦法讓它稍微貴一點也賣得出去」
不削價競爭的公司就是這種感覺。
員工的口頭禪和職場文化大不相同。
不降價而提升價值。
藉由重複這麼做，使經營買賣的能力提高。

STRATEGY 04

挑戰讓人願意掏錢的極限 即是品牌打造

你業界的標準價格 能再往上加多少？

汽車是靠四個輪子和引擎奔跑。不論輕型汽車或法拉利都一樣。可是這兩者的價格差距懸殊。**在人們願意為最低限度的規格——四個輪胎和引擎——支付的標準價格上，能夠再額外加上多少呢？那就是品牌打造的定價。**說是往上追加也並非沒有限度。自始至終都得面對你所設定的人物誌，一定要是那個階層的人實際可能支付的金額才行。不過，要先設定一個（暫定）價格，那金額是在那範圍內「能夠支付的極限」。再考量原物料、業界、所處位置、地區、時代背景和競合關係，上下微幅調整。經過這樣的過程再決定售價。即使擔心最終價格「難道不會太高!?」，但回想過去這段時間的努力，**設計、故事、色彩和包裝，集合這一切力量讓消費者不覺得它昂貴，這就是品牌打造。**

「額外」的部分 應當包含什麼？

「產品品牌打造上的定價，是業界標準價格再加上『額外費用』」，但只是提高價格的話，消費者不會支持。**若不能讓消費者看到額外追加部分的價值和意義，那價格便成了自以為是的價格。**裝有四個輪胎和引擎、最低規格的廉價汽車多得是，為什麼有人要買高價的「品牌」呢？也就是說，那「高出的價格」中究竟含有什麼？功能、設計、故事⋯⋯；擁有它所代表的地位、因為購買而加入的社群⋯⋯；待客的品質、專業的展售空間⋯⋯。除此之外還有其他，而我們應當提供的就是這些產品規格以外的東西。其中半數本書都已談過，但包含全部在內，就是「品牌編織出的世界觀」。**品牌代表的不只是產品，而是連同世界觀在內的產品。**

基本規格以外要再往上疊價

額外追加部分含有的東西

設計性　故事　歷史　社會性

對環境的關懷　地位　待客水準　社群

浪漫　自豪　色彩　趣味性

因為擁有而被周遭讚美　世界級評價　賣方的想法

擁有便給人聰明的感覺　因為購買而有人得到救助

使用它會提升自己的價值　使用者之間建立起連結

購物品味被人認可

……等

怎樣能讓購買產品的顧客在周遭人眼中看起來很特別？這可能會是思考額外追加部分的線索！

STRATEGY 05

品牌打造要慎重看待網路販售

自家郵購網站可進行網路上的品牌打造

在〈樂天市場〉或〈Yahoo！奇摩購物〉等網路商城開店、賣東西輕鬆愉快。從結帳到顧客管理，無數思慮周密周到的制度，實在方便。要在這一類平台開店，我毫無異議。但，傾力打造品牌的產品，如果網路上只能在樂天、Yahoo上買到的話，就形象和傳遞出的訊息來看又如何呢？**正如真實世界裡有「總店」對品牌打造有莫大貢獻一般，網路上最好也要設置一個由自己全盤管理、具有「總店」定位的購物網站。**既然是自家的郵購網站，就可以用很大的版面來展示自己的產品。同時可以用美美的照片和細膩的文章介紹產品，撼動人心。若有這樣的郵購網站，那正是所謂的Flagship Shop，你的旗艦店。只是在網路商城開店、展示產品的話，恐怕無法徹底傳達品牌的世界觀……。

零售業者、平行輸入網路販售必定陷入混戰

在產品品牌打造中，網路郵購是個惱人的東西。網路世界日新月異，流行、退流行變化劇烈。即使以最新的技術和設計架設自家公司的郵購網站，很快便老舊過時。假使你的客戶開始在上網販售，必定會引發價格戰。以亞馬遜來說，那可是以每分鐘＋10圓為單位的攻防。如果是進口產品，還要和源源不絕冒出的平行輸入業者搏鬥，說不定有些甚至會從當地直接透過網路進攻日本的消費者。網路郵購就是自然會走向混亂局面。就算你花費精力用美美的照片和細膩且動人心弦的文章建構自家的郵購網站，這些全會遭人每天用複製貼上的方式剽竊殆盡。剽竊的人在產品標上低於你定價的價格，結果連顧客也被吸引過去。**但即使這樣，我還是認為有自己的郵購網站比較好。以一種「展示」給與產品有關的人看的感覺，而不是要對消費者進行「販售」。**

自家公司的郵購網站即是網路的旗艦店

只知道產品的售價和規格……

可同時了解產品和公司擁有的世界觀和故事，好開心！

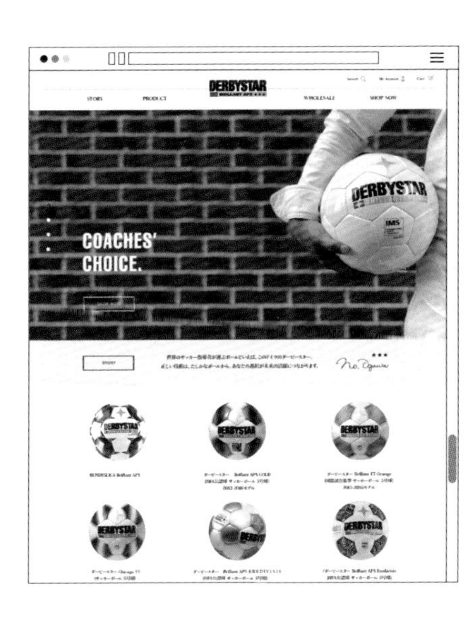

STRATEGY 06

自家購物網站不可少的內容

以做示範的態度「教育」大型郵購網站

「要把自家郵購網站設計成像在『教育』所有和產品有關係的人」。其背後有著第28頁提到的「內部品牌打造」的觀念。品牌打造不同於市場行銷，「對內」的行動占了一半。也就是說，我們必須經常對包括和產品有關係的協力廠商在內的全體相關人員進行「我們的產品擁有怎樣的世界觀？」這樣的教育活動。然而現實中，很難頻繁將所有相關人員集合起來做教育訓練。這時就要利用自家公司的郵購網站。**照片的展示方式、銷售話術式的說明文、產品故事和開發的背景、與顧客的應對和售後服務的介紹等，若能做得比網路上其他任何人都來得仔細，自然會成為範本。不是單純的電子商務，是教材。**這態度是品牌打造式建構自家郵購網站的方法。

也兼作教育的郵購網站最好具備這些要素

那麼，建構自家郵購網站時該注意哪些點呢？**基本的思維就是要做〈樂天市場〉等網路購物平台做不到的事。**比方說，頁面設計要簡潔清爽。以照片為主，用意象而非文字來傳達。這部分在主要談網站的第7章都介紹過了。有關照片的品質也請重新翻閱第6章的內容。不僅是拍得很漂亮的產品照，如果還有製造者、開發者的帥氣照片，和在哪裡、如何被製造出來這一類的照片，就很符合品牌打造的作風。因為是自家的郵購網站，色彩的選用也更自由自在。第5章所談的主色調、OK色、NG色也要徹底遵守。關於文章的調性和字數，第6章已談過很多。如果要補充，就是既然是自家郵購網站就要徹底講究設計，比如連按鍵也要設計得很美觀。這正是展現品味的機會。

官方郵購網站是相關人員的學習場域

這想法在進軍海外市場，也就是將你的產品外銷時也很重要。
對與產品有關人員的教育訓練不可間斷。

STRATEGY 07

如何預防網路販售業者的剽竊

預防照片和文章遭剽竊 要事先放進這一點

批貨的零售商和平行輸入業者會剽竊你公司郵購網站上高品質的照片、文章、圖解或圖表，用於自己的郵購網頁。對於投入金錢與心力的你來說，這是令人沮喪的事，但也可以這麼想，倘若各個郵購網站都用差勁的照片和文章販售你的產品，使產品形象明顯崩壞，那還不如讓他們剽竊好看的照片和文章。這年頭沒有方法能徹底防範別人複製貼上。如果每發現其他郵購網站盜用你的照片就要逐一發文警告，那會沒完沒了，而且說不定反倒有損品牌形象。**多少有點遏阻力的是，起用你公司裡真實的工作人員作為照片裡的模特兒。就算只是身體的一部分入鏡也沒關係。**這樣盜圖的人似乎就會作罷，因為工作人員和產品一起出現在畫面裡畢竟不太妙。但如果是花錢雇用的模特兒，對方就會毫不猶豫地盜用……。

主動攻擊防止盜用 提供整套新聞資料

照片、插圖、圖解、數據、文章、LOGO、媒體的報導……。事實上，一開始便採取進攻的姿態，在網路上可能被盜用的內容加上「由○○○提供」字樣，也許是最好的防制之道。由這樣的觀點出發，何不在你自家的郵購網站中加入「新聞資料袋（Press Kit）」這樣的頁面呢？裡頭備有相關人員可使用的照片、圖解、LOGO等的電子檔，供人隨意下載。當然，設密碼管理、寫明注意事項，或是在照片上加LOGO凸顯官方感會比較好。不能想都沒想地完全放任使用。這裡所說的「PRESS」指的是媒體報導、出版，原本是受訪時**提供給媒體相關人員的整套資料和照片。而我提出的建議則是將它加以運用、發揮，建立制度，正式提供給所有協助產品販售的相關人員。**

防止盜用產品照的建議

用自家員工當照片的模特兒

務必在照片上加入LOGO

以新聞資料袋的形式提供LOGO和照片

在網站設置新聞資料袋的頁面，提供包含官方LOGO和照片等店家會需要的素材

以新聞資料袋提供LOGO時，Adobe Illustrator（AI檔）和JPEG兩種檔案格式都準備會很體貼。

STRATEGY

08

認清亞馬遜是品牌打造的敵人或戰友

與品牌打造逆向!? 如何與亞馬遜打交道

要談網路販售不可能不提到〈亞馬遜（Amazon）〉。那是一個與產品故事和世界觀完全無關的世界。消費者會比較每一家販售同樣產品的店家，然後選擇售價較低，哪怕只便宜10圓，或更快送達的店家。**假使想知道產品的故事或世界觀，消費者會暫時退出亞馬遜網站，去瀏覽你公司架設的郵購網站。可是由於結帳超簡單，到頭來恐怕還是會在亞馬遜購買。**再者，現在是人人經營副業的時代。雖然因產品而異，但可以預料到你的公司也會接到個人或小公司來電表示想批貨到亞馬遜上販售。致力為產品建立品牌的人，現在無不被迫要面對如何與亞馬遜打交道的問題。而短期內恐怕不會有其他企業能夠威脅到亞馬遜的地位。現階段就要決定該怎麼與它打交道。

所有比較對象都是亞馬遜 沒打算了解的是外行人

在執筆寫作本書的時間點上我能提出的建議是，**在自家網站上販售，同時也試著在亞馬遜上販售，兩者並進。**假使你的客戶表示想在亞馬遜上販售也予以放行。身為源頭的我們，即便亞馬遜上演變成價格戰也不可能大幅度打折，到頭來我們的產品一定會賣不出去。不過我們可以利用賣家的身分從內部了解亞馬遜的情況。今後短期內，零售業的中心仍舊是在亞馬遜。現在正在網路上購物的人一定也會上亞馬遜尋找那樣產品。就算去到實體零售店，你的產品就在眼前，消費者照樣會一手拿著手機查看亞馬遜有沒有同樣產品。在**比較對象全是亞馬遜的現在，不了解亞馬遜而想做生意確實不妥**，了解的話，就能參考亞馬遜的做法，擬定策略，例如「Amazon Pay很方便。我們的網站也採用吧」，或是「要和亞馬遜作區隔？那就附上手寫的感謝函一起包裝」等。

你的比較對象總是亞馬遜

就算消費者找到你的產品，還是會上亞馬遜搜尋、比較

自家郵購網站要傳達出在亞馬遜上感受不到的產品和公司魅力

摸索如何巧妙地與亞馬遜往來，如今也是產品品牌打造的一環。感覺今後亞馬遜的影響還會繼續擴大。

STRATEGY 09

批售也全部在網上完成 和郵購一樣架設專用網站

批售也全部網路解決!? 作為工作方式改革的一環研究

雖然有些產品可以、有些不行，**但假使你經手的產品可以做到，那就考慮連批售也全部在網路上完成吧。由你的公司另外架設批發專用的網站，與B2C的網路購物分開**。理想是付款也可以利用信用卡或Paypal在網路上完成。如果還可以讓客戶依照喜好和成本選擇由慢到快（但運費較高）的運送方式，那最好。庫存數量當然要能即時得知，因為是批發，網站的設計也要能依訂購數量自動計算折扣。不需要報價；以往業務專員要處理零售店的電話、傳真訂貨，或直接碰面接下訂單，這部分也請網站代勞。**假使這樣的改變可以減少銷售部隊的人數和負擔，並利用省下的時間加強產品的品牌打造，自然再好不過**。如果這個網站還提供第256頁談到的新聞資料袋，那就更好了。

一開始就要將批售網站 設計成全世界適用

過去談到產品外銷，就是要在當地找代理商，與代理商簽約。你只需把產品運送到那家公司，不必對那個國家的零售業者推銷產品。一如字面上的意思，這工作是由代理商代為執行。而為了尋覓作為源頭的代理商，你要到外國的產品展覽會設攤，這是過去進軍海外的做法。不過，**這樣的風格正逐漸轉變。現在國外的零售店也會透過上述的批售專用網站直接購買產品**。網站被設計成會依據訂購數量調整批售價格，自動計算運送到該國的運費，以信用卡或Paypel付款也成了常態。伴隨售後維修或保養維護的產品雖然有困難，但服裝、雜貨之類的產品，**若能在批售專用網站加上這些功能，只要這樣做就可能讓你的產品打進海外市場**。當然，在核發批售網站的ID、密碼前，必須先調查希望購買產品的國外零售店的信用度。

投注心力架設批售專用的網站

當然要遵守外銷地的法規，在日本沒問題但在其他國家被禁止的材料和有關標示的規定，也有許多差異。

STRATEGY 10

降價前先考慮廉價版或網路專用品牌

推出網路販售專用品牌的構想

本章談了許多網路郵購和價格設定的觀念。在產品品牌打造上，「不降價而提升價值」是基本態度。然而網路實際上卻是降價的世界……。也有些互相衝突的部分。因此，我希望**各位要認真思考一件事，即推出你公司的「網路郵購專用產品」或「品牌」**。比方說，如果是電子產品，廠商直銷的網路郵購網站上不降價，但偶爾會推出只有那裡買得到的限定顏色或版本，以這種方式提升價值。製造用定價也能獲得消費者購買的狀態。**也有不只一項產品，而是設立「網路專用品牌」的例子**。服飾品牌〈Yohji Yamamoto〉如果在實體店鋪購買都是高價位產品，但2011年他們推出〈S'YTE〉這個只在網站上販售、較為低價的品牌，在快時尚全盛時期也不降價而使價值維持不墜。

不只看單次銷售業績要看一生的銷售業績

前面舉服飾品牌為例，順便再談一下服飾業另一個值得我們學習之處。**服飾業在品牌戰略上有一個很重要的觀念：「不要只考慮一次的銷售業績，要以一生的銷售業績來思考」**。其本質即在培養不只是顧客的粉絲，「只有一次不會再來」這種情況不可以發生。關於這一點，服飾業經常在思索的是，與顧客相伴一生。比方說，〈喬治・亞曼尼（Giorgio Armani）〉是無需介紹的高級品牌。高價位，且是人們「渴望擁有的標的」。不過在那之前，亞曼尼同時也提供如右頁那種比較容易擁有的品牌，其實是從「亞曼尼以前」即開始培養顧客。**服飾業各家公司就是像這樣，在同一面大旗下，依據年齡層和購買力發展多種品牌**。服飾業界稱低價版的品牌為「副品牌（Diffusion Brand）」或「二線品牌（Second Brand）」，其他業界也許不妨多多採用。

不只看單次的銷售業績，要看一生的業績

Armani Exchange ➡ Emporio Armani ➡ Giorgio Armani

主品牌&二線品牌（副品牌）的品牌實例

SECOND ―― PREMIUM

帝舵

TUDOR

勞力士

ROLEX

「Diffusion」含有「普及」的意思，為了讓價格昂貴的品牌普及而成立，以培養未來的顧客。

STRATEGY 11

銷售文宣和業務員的裝扮也屬於品牌打造

對客戶提案的資料也含在品牌打造之內

銷售也是本章的主題之一。今後你會有很多機會對零售商的採購人員和協力廠商做產品簡報。因為是品牌打造，不能做成舊式的只談產品的資料和簡報，要從產品延伸出去，敞開產品的世界觀，讓聽眾為之著迷。產品的品牌打造即是「讓產品顯得更高檔」的作業。首先一定要讓與產品有關的每一個人都覺得「這產品不太一樣」，否則這訊息怎樣也無法傳達給消費者。再者，產品品牌打造有一半的工作是「對內」。透過製作簡報和資料傳達產品的設計性和世界觀，既有效率又有效果。藉由簡報資料將前面談過的字體、文章、用色、照片品質等的功用發揮出來吧！

推銷時工作人員的裝扮稍有疏忽便一切歸零

光是做好銷售文宣並不夠。還要把帶著那份資料去談生意、做簡報的工作人員的裝扮和舉止態度，都得看作是產品或其世界觀的一部分才行。我在第50頁寫到，進口販售建築材料的〈Material World〉製作其買家，也就是採購人員的人物誌，改穿那個階層會接受的服裝因而談成生意。在那之前都是穿一般的西裝跑業務的當事人堀部朝廣先生回顧當時的心情這麼說：「我本來對沒打領帶去跑業務非常排斥。可是我們產品的買家多半是時髦女性。一身像精品店店員那樣清爽的裝扮去談生意，要比皺巴巴的西裝討人喜歡，最重要的是和產品的世界觀一致。因為我們是建築材料的精品店。」產品品牌打造中的推銷就是這麼一回事。

推銷時的簡報工具也不得大意

〈iiwan〉的銷售工具統一採用主色調的黃色。
在各處進行簡報時也會給人強烈的印象

推銷時的服裝也屬於品牌打造

〈Material World〉的業務員以往都是西裝＋領帶的制式業務員打扮。
自從開始品牌打造後，跑業務做簡報時便改變裝扮。

很多公司即使為產品進行品牌打造，卻沒有細心顧及產品業務員的品牌打造。

STRATEGY 12

銷售文宣的周邊用具也很講究＝來自品牌的訊息

有能耐的公司做到這種程度
連固定資料的文具也考慮到

簡報時我們通常都會將銷售文宣親手交到對方手上。這時**講究資料的設計，但不講究固定資料的文具或工具類會很可惜。好不容易這麼用心製作資料，就講究到底吧**。這正是「最後10％的堅持」很好發揮的部分。舉個例子，右頁是幼兒用餐具〈iiwan〉將銷售文宣交給相關人士時的真實狀態。採用玉米澱粉做成的塑膠製造的餐具，因為以黃色為主色調，其文具也統一做成黃色。全套擺在會議室時不但美觀，相關人員也可以從中感受到其世界觀，和企業對產品的重視。若是環保相關產品，我想刻意不使用這類文具也是一種訊息，不僅用顏色，用木製夾子之類的來表達或許也不錯。跳脫平常慣用的文具和現在辦公室裡有的文具！現在只要去找，會有無數優良的文具。

簡報和銷售文宣
是否留有「餘香」？

談完簡報資料周邊的文具，接下來要談裝資料的紙袋和透明文件夾。右頁下方是福島縣郡山市〈八光建設〉的文宣。透明文件夾上印有「重建福島」這兼具援助復興和建築面雙重含意的標語，並連同使用相同字體的原創紙袋一起遞上。兩者都是用主色調「八光紅（HAKKOH Red）」印製而成。用這樣的袋子、文件夾裝文宣，帶給人貫徹品牌打造的印象更加強烈。不過這樣還沒完。對於初次拜訪的客戶，拜訪完後的72小時內要親手寫一張充滿感謝的明信片寄給對方，這已成了每位員工共同遵守的規定。明信片當然也是獨家的設計。正因為是透過網路問候已為常態的時代，現在接到手寫的明信片更會有感覺。要說的話，這些就是你的「餘香」。讓我們在客戶處留下品牌打造的餘香吧！

談生意時的簡報工具也不得大意

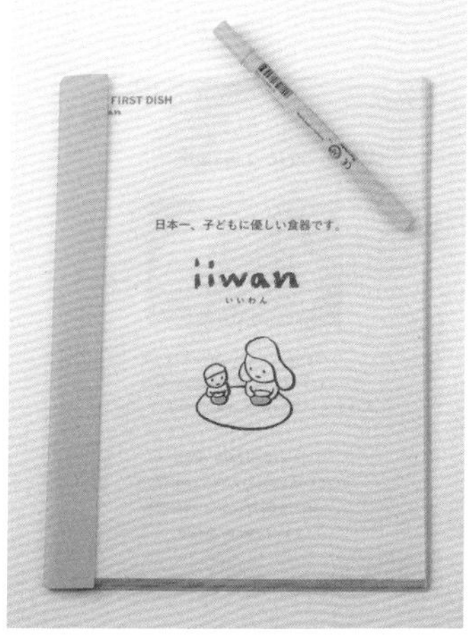

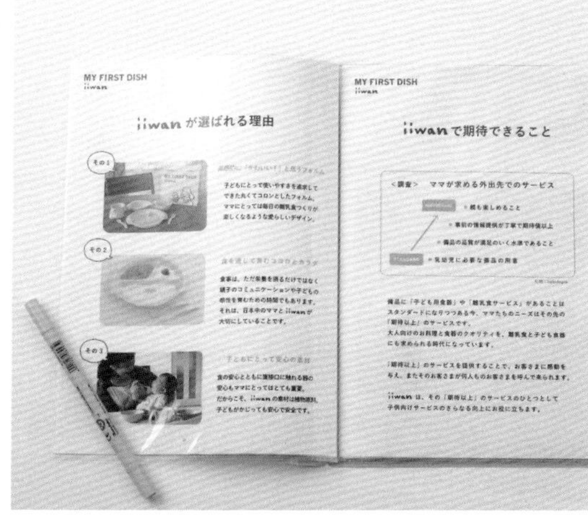

〈iiwan〉的銷售工具統一採用主色調的黃色。
在各處進行簡報時也會給人強烈的印象

利用銷售工具和事後的明信片留下餘香

福島縣郡山市的八光建設在洽談生意時遞上的透明文件夾和紙袋。
事後會寄張充滿情意的手寫明信片

STRATEGY

第 11 章

作為品牌打造一環的團隊建立和制服

For Better Branding

STRATEGY 01

與行銷的差異就在團隊建立

與產品有關的人全是品牌的體現者

本書的主題不只是具有設計性的產品品牌打造，同時很重視「與零售店和協力廠商等所有和品牌有關的人之間的一體感」。為何這麼說呢？因為這也是品牌打造和市場行銷的巨大差異所在。我在序章的第29頁中已附帶插圖指出兩者的不同，行銷是100%對外、著重銷售的活動。另一方面，**品牌打造雖然有一半與行銷相同，但另外一半是「對內的教育活動」。要採取大量的行動好讓參與產品製造、販售、配銷的人員深刻理解品牌，成為品牌的體現者**。由於是對內進行品牌打造，所以稱為「Inner Branding」或「Internal Branding」，有這樣的語詞存在即代表了這件事的重要性。接下來就一起來學習如何將與品牌有關的人建立成一支團隊。

內部品牌打造應當做這些事

「對內的品牌打造（內部品牌打造）」該依照怎樣的步驟、具體而言要做什麼事呢？右頁是其流程的一個舉例和構想，但有**一點必須先澄清，它不只是單純地傳達產品的知識**。若是產品知識的傳達，所有公司在推出產品時都會做。而此刻你是在試圖「提升產品的層次」，所以首先要讓相關人員知道「這項產品對品牌很堅持」。然後**摘要式地將品牌打造為何重要、為什麼現在要做品牌打造等本書開頭所談的內容告訴相關人員**。溝通時要當所有人都不具備品牌打造的知識會比較好。假設對內傳達還有什麼訣竅的話，那就是到處強調「產品品牌打造是為了讓銷售變輕鬆」。這樣會更容易得到所有人認同。

圖解：內部品牌打造

除了對顧客傳達的
「對外的品牌打造」，
還有一項工作是
對內部員工、商店、協力廠商
傳達的「對內的品牌打造」。

產品名稱的由來	產品誕生的背景	顏色和LOGO代表的意義
關於印刷品和字體	促銷品的使用法	要珍惜的東西
產品講究的部分	產品講究的部分	定價的意義
今後的展開和活動	關於公司	要重視的氛圍
要如何對待顧客	不能做的事	……等

將這些傳達給所有與產品有關的人，
讓它滲透到每個角落就是「內部品牌打造」

STRATEGY 02

最快的方法就是盡量充分利用能穿制服的場面

有LOGO的T恤或Polo衫這樣就行了嗎？

心理學上有句話叫「制服效應」。平時不太會在意別人在車站前亂停腳踏車，或隨手亂扔菸蒂，但假使我們穿上警察的制服，很可能就會想提醒對方。此項研究的結果指出，「人會因為穿著而改變行為」。在品牌打造中可不能放過應用這結論的機會。也就是說，不僅在宣傳活動或零售店現場，我們要盡可能在更多的場合「多加利用代表品牌的制服」。我從擔任顧問的經驗中也深切感受到，準備一套帥氣的制服要比一再重複施以教育訓練，更快讓品牌的世界觀在團隊內滲透和體現。話雖如此，但只是在T恤或Polo衫印上LOGO什麼的太可惜。我把幾個實例登在右頁。右頁上方一身廚師打扮的是創立番茄汁品牌的高中生。讓我們就用這樣的氣勢做下去！

「統一顏色」或「使感覺一致」都OK

假使有人說：「我們沒有制服，也沒有機會穿制服⋯⋯」不妨統一服裝的顏色，或使感覺一致。務必嘗試制定正式服裝，統一員工展現出來的樣子。先利用宣傳活動、產品展覽會、培訓的場合測試反應或許是不錯的做法。前面已出現過的例子，戶外生活類的廚房用具品牌〈APELUCA〉初登場時，籠統地規定所有員工雖然不必全部一樣，但必須穿著「帶有戶外生活感覺的格子襯衫」出席活動。數位行銷公司〈VENTURE NET〉因重視自由的工作方式，其正式服裝是短外套＋長褲，並且不打領帶。只是一個人獨照的話看不出來。但看到像這樣一群人的合照，無需言語，任何人都能感受到這組織對品牌的重視。在品牌打造的世界裡，服裝也代表一種「訊息」。

1

2

3

1是將番茄汁打造成品牌的高中生。2是〈APELUCA〉。3是〈VENTURE NET〉的正式服裝。

STRATEGY 03

大家都一樣面積就大 制服是差異化之鑰

產品品牌打造 可利用的制服創意集

不管有制服或沒制服的公司，都要穿著類似的、感覺像是一個群體的服裝。並將品牌要傳達的訊息反映在那服裝上。倘若前一小節的內容讓各位覺得那樣做有效的話，接下來就輪到你的公司了。應該設計怎樣的制服呢？這裡收集了各式各樣的例子當作創意集。東京世田谷的〈MARUHIKO〉家具店在交貨時會披上主色調的防塵外套。統一領帶的樣式也會很有趣！獨家設計的領帶簡單又便宜，小批量就能製作，若有機會不妨統一。另外還有鳥取縣販售辦公設備的〈SUIKO〉公司的例子。製作領帶時背面的扣環也是發揮創意之處。這兩家公司其實戲謔仿作了實際存在的服飾品牌LOGO（笑）。〈SUIKO〉的業務員夏天也是一身制服。一致的襯衫、皮帶、運動鞋和休閒褲，神清氣爽。電力管家〈電巧社〉的徽章竟是QR Code，獨樹一幟！

讓技術人員或製造人員的 工作服變帥氣的方法

我想本書的讀者應該也有很多是製造業的從業人員。若是製造人員，工作時就要穿工作服。我簡單談一下讓工作服耳目一新的竅門。有兩個重點。第一，刻意讓上下不同顏色。老式的工作服多半上下身都是淺綠色或灰色，從昭和時代以來不曾改變。右頁下方照片裡是據點設在神奈川縣川崎市的〈UPCON〉，看改變前和改變後的樣子便明白，這樣做會感覺很潮，受年輕人歡迎。第二個重點是，女性員工要根據女用工作服來設計制服。若讓女性員工穿著S號的男用工作服，整個會鬆垮垮的不好看。現在女用工作服也有眾多選擇。以那樣的基準設計制服，外觀就會大幅改善。

1是〈MARUHIKO〉。2、3、4是〈SUIKO〉。5是〈電巧社〉。6、7是〈UPCON〉。

STRATEGY 04

制服設計的最後10%也不能鬆懈

頸部垂掛的識別證也含在制服內

即使這樣仍然表示「不做制服、不需要制服」的朋友，我改提議製作拜訪客戶談生意時效果不錯的識別證。要讓制服改頭換面的朋友當然也一定要看。我在第130頁多次談到品牌打造中「最後10%的堅持很重要」，**難得要新做帥氣的制服，識別證沒更新可會虎頭蛇尾。識別證是制服的一部分。**說起來，把名片大小的卡片和字體掛在脖子上，對方也很難看清楚。所以第一步就是重新研究尺寸。含有五環標誌的國際體育大賽會場上工作人員佩帶的識別證尺寸，我稱為「奧運尺寸」，因為大所以很理想。顏色可選用主色調，或採部分含主色調的方式設計。不妨連掛繩也自己設計，印上LOGO並不需要多少花費。

藉識別證使談話變起勁幫業務創造粉絲

那麼，**這較大尺寸的識別證應當放入什麼內容呢？當然要有公司名稱、LOGO、姓名、臉部照片，但建議還要放上「引發與客戶談話契機的某樣東西」**。現在正熱中的事物、玩的運動、哪裡人……。有些公司則會寫上「我的原則」或「喜歡的話」。不論如何，重點是要讓這張識別證發揮話頭作用，引發與客戶之間愉快的談話。這就是這尺寸的用意。客戶看到那識別證，發現雙方的共同點，因而聊得很熱絡的話，談起生意便會格外輕鬆。獲得額外購買的可能性也會增加。右頁的實例是剛才提過的鳥取縣倉吉市販售辦公設備的〈SUIKO〉公司。其業務員、內勤人員全都佩戴這樣的證件上班。靠奶油麵包建構起穩固品牌的〈八天堂〉，也是使用這種風格識別證的企業之一。

談生意時讓談話熱絡的識別證

有助於拜訪客戶時與客戶聊得很愉快的識別證。名片的尺寸會太小！照片裡的尺寸是9公分×12公分。

STRATEGY 05

品牌打造要有信條 利用識別證背面共有工作觀

利用識別證的背面 共有工作觀

「要讓誰有掛在脖子上的識別證？」可以只發給與品牌打造的該項產品有關的員工；若是小公司，我想以全體員工為對象換發新識別證也很好。直截了當地先從業務員開始換發，我也贊成。另外，產品的宣傳活動時，不妨讓臨時的工作人員和外部人員都佩戴。這部分就看公司怎麼考量。不過在這之前，我希望各位不能忘了識別證的背面。希望各位在背面寫上與這品牌有關的所有人共有的行動方針，像右頁的實例那樣。像這樣以條列式概略寫下的守則叫做「Credo」，直接翻譯就是「信條（堅信不移的行動方針）」。這部分若能做成「希望和所有與品牌相關的人共有的工作觀」，應該不錯。它不是工作指南，而是心靈的規範。讓我們寫下為維持品牌「該有的樣子」必須要有的工作態度吧。

雖說是共有工作觀 但只是寫出來不會滲透

不要把信條做成「禁令集」，用「讓我們一起○○」這種帶動式的語言書寫比較有品牌打造的味道。這麼說是因為，既然是掛在脖子上，就時常會有外人要求「借看一下」。因此「讓我們一起○○」的文句會比禁止事項容易讓對方留下好印象。其寫法如右頁的例子所示，不過，不要以為寫完就可以放心了。讓信條滲透到團隊每個人心中才是重點。一旦要滲透，往往很快就會演變成唱和，但那是昭和以來一直不變的方式……。而更重要的是在平時的交談中用信條當作開頭「我們公司有○○的信條，所以就這麼做吧」，或相反的「信條上寫著○○，所以不要這樣做吧」。只要領導者率先這麼做，團隊成員也會開始用同樣的方式交談。這是達到滲透的捷徑。

識別證背面要記載團隊守則

BRAND VISION

私たちスイコーが目指すのは
お客さまの働き方をトータルコーディネートする
ワークスタイルデザイン企業です

CREDO

- 私たちは　自分から進んであいさつをします
  気の利いた一言と共に相手の変化に気づき声かけをします
- 私たちは　困っている人に自ら歩み寄ります
  人の痛みに敏感な私たち。凹む人に話しかけ笑顔に導きます
- 私たちは　身だしなみの清潔感を大切にします
  身につけるもの・姿勢・歩き方・座り方で周囲を不快にしません
- 私たちは　相手の話・意見にいつも耳を傾けます
  話し上手より聞き上手！話しかけやすい人をめざしています
- 私たちは　安全・安心をなにより最優先します
  何か起きた後に寄り添うより、未然に防ぐことを大切にします
- 私たちは　いつまでも自分を高め成長を続けます
  何事も夢中になれば成長に。個々の成長で周囲にいい影響を
- 私たちは　<チームＳＵＩＫＯ>の精神を大切にします
  全事業が自分事。強いファミリー感で互いを認め合うチームです

前一小節提到的SUIKO公司便在識別證背面記載共同守則。為了讓它滲透，還專門為此開例會。

STRATEGY 06

依照概念制定待客和推銷時的規範

產品品牌打造的守則匯集成品牌方針

為了讓和品牌有關成員的工作朝著同一個方向前進，我介紹了信條，但產品的品牌打造需要有更詳細的守則。不僅是與產品概念和價位一致的待客方式，還有電話應答、交貨時、推銷時的守則。設計方面字體的使用、顏色的使用，以及在社群網站和部落格上發文的遣詞用字，都需要比信條更深入的守則。但這並不困難。**到此為止透過本書所做的思考、決定，完完全全就是產品品牌打造的守則，若能整理成冊，那樣就沒問題。我把那冊子稱作「品牌方針」，外觀做成像右頁那樣便感覺不錯。**或是發給相關人員，或是以此為主軸辦學習會。品牌打造為維持產品的世界觀，必須經常增減守則的內容，並讓它滲透到所有成員的心中。完成度七成即可。畢竟是要經常更新、修訂的東西。

相關人員的舉止態度要制定細心的規範

在品牌方針的內容上，要重視的是與產品有關人員的「外表」、「舉止態度」。正如本書開頭便談過的，這是因為假如產品（概念）和販售的人的形象有落差便缺乏說服力，別說是品牌了，消費者當下根本只會感到矛盾。明明是有機食品，業務員的穿著打扮卻散發夜生活的味道，那再怎麼努力打造品牌，銷售也不會順利。經營的是嬰兒用品，一手拿著型錄做介紹的人卻有著很長且顏色刺眼的指甲，消費者會覺得很矛盾。在迪士尼樂園工作的演員在與孩子接觸時為了讓自己的視線低於孩子，會彎下腰來說話。不只外表和服裝，也要不斷地增刪這一類舉止態度方面的守則。**有這一類守則才會成為受人敬佩的品牌。**

想像中的品牌方針

ABOUT OUR FONT

フォントの使い方について

プリンススポーツが与えたい印象

● 若々しい ● 親しみやすい
● 提案力がある ● クールでかっこいい

たかがフォント、されどフォント。普段使っている文書や、印刷物のフォントだけでも、十分に対内外に自社の印象を強烈に発しているものです。会社・お店として、自分たちが世間に与えたい印象から逆算してフォントを選択し、あらかじめ「使用していいフォント」「使用してはいけないフォント」のルールを決めておくことは、大事なブランド戦略です。ここではプリンススポーツの基調フォント、OKフォント、NGフォントの大雑把なルールを記します。

プリンススポーツの基調フォント

HGP創英角ゴシック

HGPゴシックE

MSPゴシック

文字の色に関して:

● 完全なブラックではなく、チャコールを使用

● グレイスケールで濃淡をつけ、メリハリを！

● メリハリは、他にも白ヌキ＊などを使用

● 最も強く強調したいときに黒を使用

＊白ヌキの例 PRINCE SPORTS

プリンススポーツのOKフォント
（基調フォントと合わせて積極的に使うべきフォント）

HGSゴシックE

HG創英角ゴシックU

プリンススポーツのNGフォント
（絶対に使ってはいけない系統のフォント）

HG創英角ポップ体

HGP行書体

HG明朝E

HG丸ゴシックM−PRO

PRINCE SPORTS BRAND GUIDELINE VER 1.0

品牌方針是自己建立的行動指南。作為與產品有關的所有人維持形象的參考。

STRATEGY 07

品牌打造成功的分岔點 要先改變高層

多數公司都會忽略「社長的品牌打造」

在網站上看到社長的照片或謝辭的機率相當高。但出乎意外的，大家對「將社長打扮整齊」這事不知道該說是不關心，還是碰觸不得……。根據過去的經驗我可以很有把握地說，能夠將品牌打造內化成公司血肉的公司，其社長在這過程中也會改變自己展現在外的樣子。即使不是社長本人要去談生意的公司，但這樣的改變等於是在號令公司全體：「從現在起要改變自己展現在外的樣子」。右頁的照片是山形縣印刷公司的社長。改造前的確就是這個樣子。可是某個時期之後，他們揚棄舊式全客製化的印刷形態，改採不論名片或冊子都會提供具高度設計感的樣本這種半客製化的承印方式。這麼一來，在品牌打造上，社長也要看起來是個有品味的人才行。其結果就是改造後的照片。誠然就是「社長的品牌打造」。

社長品牌打造完畢就沒事？接著還要不斷發布照片！

若要改造社長的穿著打扮，就要拍宣傳照。老實說，現狀是日本公司的社長照片看起來都大同小異。若要表現出差異，首先就是姿勢！照片中的人物是福島縣廣為人知的〈阿波羅瓦斯（APOLLO GAS）〉的篠木社長（執筆時，現在是董事長）。「我想改造成平易近人，讓年輕人想加入的瓦斯公司」，公司高層花數年時間自行為自己「品牌打造」。不僅如此還自己擺姿勢，結果就是這張照片。環顧整個瓦斯業界，在許多公司都為人才取得傷透腦筋的情況下，阿波羅瓦斯卻很受求職學生歡迎。這是社長展現在外的樣子對公司整體的品牌打造奏效的良好範例。沒錯，利用品牌打造改變社長展現在外的樣子確實也會對人才招聘產生作用。就這一點來說，我也非常建議各位這麼做！順帶告訴各位，阿波羅瓦斯整個集團都視品牌打造為助力，並獲得「日經人才培育大獎」和「日本最當珍惜的公司」的肯定。

BEFORE

BEFORE

AFTER

STRATEGY 08

和團隊分享喜悅 也是品牌打造的分內事

頒獎表揚 與產品有關的夥伴

建立產品團隊並非只是要對成員課以規則。品牌打造是個愉快的戰略。不要用規則束縛人，要隨處加入「讚揚」的舉動。表揚巧妙地向市場傳達出品牌訊息的零售店之類的也行，辦產品陳列競賽也很好。願意率先遵守品牌方針和信條的協力廠商或員工也應當頒獎表揚。這一類獎項的頒發，建議利用教育訓練等相關人員齊聚一堂的場合，安排簡單的儀式進行。除此之外，因為是品牌打造，遞出一張傳統型的獎狀可不行。我擔任顧問的公司會使用經過設計、以英文書寫的盾牌，或自國外進口的獎盃之類的。

定期讓眾人知道 品牌經營得很順利

很難做到頒獎表揚這一步的朋友，至少要做到向所有與產品有關的人分享「喜悅」。每家公司都會告訴相關人員缺失、禁止事項、客訴，但向大家分享來自顧客或相關人員的讚美、喝采明明很簡單，大多數公司卻都不做。當然，可以是非公開的形式，透過電子報、電子郵件、各種社群網站，或是郵寄紙本通訊，分享喜悅。間隔期間多長視規模和時間的充裕程度而定，不過讚美、喝采是工作上的營養補充劑。以一週一次的頻率，知道產品的品牌打造進行得很順利的話，對工作的熱情也會提升。內容不拘，從真的很小的事到很大的事……收集所有和產品有關的好消息發布出去！若能讓讀過內容的相關人員感到「我們在做的事確實對社會有幫助」，那就對了。

適用於優良商店的立牌、獎盃、貼紙

STRATEGY

第 12 章

作為品牌打造一環的
地區發展和產品展覽會的參展

For Better Branding

STRATEGY 01

跨出公司 成為地區共有的品牌

重新思考 關鯖魚和香檳

我想簡單談一下地區或業界共有的產品品牌。LOGO和名稱跨出自己公司的範圍，為地區或業內其他公司共同使用的品牌，若要舉實際的例子，就是香檳和關鯖魚。如各位所知，發泡性葡萄酒中，唯有法國香檳地區生產的是香檳（Champagne），其他若以英語稱之，全叫氣泡酒（Sparkling wine）。〈香檳〉其實是品牌名稱。當中還有〈酩悅香檳（Moët & Chandon）〉和〈香檳王（Dom Pérignon）〉兩種商品品牌。只能使用該地區種植的特定品種，以名為「Champagne」的傳統釀造方式製成。而且雖然沒有LOGO，但依法律規定酒標上一定要載明「CHAMPAGNE」，酒精濃度也要在11%以上。是的，國家也成為一體，共同打造品牌。

地區品牌&認證品牌 扼止混亂需要商標和名稱

即使不談香檳這種等級的產品，任何地方、任何時候、任何人，都有可能建構出或大或小的「地區、業界共有品牌」。針對品質、製法、使用的材料等制定有助維持其獨特性的規定，備妥名稱和商標供遵守規定的企業使用，便準備就緒。以結構來說，並不是太過困難。但要整合其他公司、其他人確實有難度。再者，這「認證品牌」的世界百家爭鳴。到處都取名〈○○牛〉或〈○○豬〉努力打造品牌，要從中脫穎而出，難度也……。假設有突破的方法，應該就是設計優良的LOGO和命名。地區或業界共有的品牌必須以加上那LOGO的理由、意義和價值，廣泛地向社會大眾訴求。好的LOGO和命名肯定會讓辛苦減少一半。在此我要為各位介紹〈今治毛巾〉和豬肉品牌〈東京X〉兩個實例。

地區品牌和認證品牌的實例

唯有今治毛巾同業公會的會員企業，且通過吸水性和獨有品質測試的毛巾，才准許加上此共同商標。其目的是「對消費者的承諾」

這是地區特產的豬肉，用3個品種的豬混交成，具有三者的優點。追求不斷進化，因而以「X」命名。並出書記錄其建立品牌的過程。網站首頁設計也極佳，很方便瀏覽

靜岡縣引以為傲的觀光景點熱海。其特產中尤其具有「熱海味道」的產品會附上「熱海精選（ATAMI COLLECTION｜A-PLUS）」的商標，由熱海商工會議所負責管理

STRATEGY 02

地區、業界共有品牌 要由誰、又從何處著手？

為地區、業界的發展 發揮品牌打造之力

設計「○○品牌」的LOGO，將一個地區、業界的產品全部納入，加上各個公司的包裝……。「認證品牌」光是這樣不能算是成功。這與本書開頭序章（第24頁）中說的「賦予LOGO意義」是同樣的道理，若沒有伴隨著產品培育，讓社會大眾認識那LOGO所代表的世界觀和價值，進而覺得那世界觀和價值很可貴的話，就僅止於自我滿足。可是一旦點燃這導火線，即能為地區、業界的經濟帶來莫大影響。正因地方創生是當今日本的重要主軸，各地更需要更多更多這類的行動。它是證明品牌打造可以做什麼的機會。不是等政府部門主動招手，也不是先有預算再說，我希望各地區、業界活力充沛的人能主動向夥伴們提案。若是由年輕世代主導，建議可利用群眾募資募集資金，同時讓更多社會大眾認識。

共有品牌改為 共有「運動」也行

還有一個點子，與「地區、業界共有品牌」很相近。產品的品牌打造是要讓那項商品顯得很特別。你的產品包裝上或產品本身最好能加上什麼看似受過認證或得獎的標誌，小小的就好。可是實際要獲得認證或得獎並不容易。所以我建議可以採用替代的做法，即自己在地區、業界發起某種運動，設計標誌加在產品上。右頁就是這類運動的實例。協力廠商間彼此支付合理費用的公平貿易標誌；公司用車（私家車當然也是）不逼車、不迫使人逼車的運動「AORANG HUTAN（あおらんウータン）」；宣示減少使用塑膠製品的「Less Plastic is Fantastic.」標誌。以和自己的產品有關的形式自行發起這一類運動，命名、設計LOGO並印在產品或包裝上，即可增加附加價值。

在地區、業界發起運動，並將標誌附在產品上

LESS PLASTIC IS FANTASTIC
#zerochronicle

我想已有許多朋友會在產品上印上獲得ISO認證，或世界食品品質評鑑大會獲獎等的標示。也同樣加上某個運動標誌吧。

STRATEGY 03

產品展覽會的參展也在考驗展示方式

產品展覽會的攤位本身就是品牌的展演場

要考慮在產品展覽會設攤。**這是可以在攤位這有限的空間裡盡情表現產品世界觀的絕佳機會**。這時，作為一家全心致力品牌打造的公司，第一次就要做出專業的展示！也許攤位裡不會只擺放正在打造品牌的產品，而是連公司的其他產品一併陳列，但不論如何，重點是要「有效利用來進行內部品牌打造」。會來參觀攤位的不是只有未來可能的客戶，將近半數會是現有的客戶或協力廠商之類的前來致意。讓這樣的人看到**攤位的陳列、用色、制服、POP、印刷品、應對等覺得「原來如此，果然厲害」、「長見識了」，從攤位整體的呈現了解到該項正在打造品牌的產品的世界觀，能做到這種程度最理想**。

國外的產品展覽會是名副其實的「表演」

產品展覽會在日本稱為「見本市」或「展示會」，在英語圈則叫「Trade Show」。該說取名為「Show」實在貼切嗎？整個產品展覽會也多半是光鮮亮麗，每一個攤位的展示方式也都很高明。下次**有機會去世界主要城市旅行時，不妨撥出一點時間去逛逛不同業界的產品展覽會。有很高的機率會遇上某種產品的展覽會**。事前利用右頁的網站做確認很方便。我要推薦各位的是在巴黎舉辦的雜貨和室內設計的展覽會〈巴黎國際家飾用品展（MAISON & OBJET）〉。從攤位、產品，以至於展覽會這活動本身的品牌打造，全會帶給你刺激和學習。世界主要城市一定會有像日本〈東京國際展示場（TOKYO BIG SIGHT）〉那樣的設施，其周邊多半也有許多全球商務旅客可享受的貼心服務，所以同時也是一場「城市品牌打造」的學習。

產品展覽會是一場「秀」

只是擺張掃興的桌子，發一發宣傳摺頁？
既然在進行品牌打造，這正是能傳遞世界觀的機會！

JETRO（日本貿易振興機構）的HP

若使用日語，可上JETRO的網站查詢全球各地的產品展覽會！
使用英語的話，說不定能找到更詳細的展覽會資訊!?

STRATEGY

04 利用五感設計攤位正是對展示方式的考驗

你的攤位連香氣也很講究嗎？

產品展覽會的攤位是以「一格」為單位申請，能夠做的事固然會受到面積大小影響，但就讓我們**「動用五感來設計」攤位吧！比如香氣（若是食品的展覽會就不行）**。如果連攤位的香氣都很講究，從面前經過的人肯定會停下腳步。準備好與產品概念相符的香氣，這很簡單，但幾乎所有公司都不這麼做。**也要從觸覺的角度去思考**。比方說，假如你希望產品或公司給人溫暖的印象，那就用布之類的，將攤位內參觀者會碰觸到且感覺冰冷的地方包起來。要避免原封不動地使用向主辦單位租借的、很像會議室裡用的辦公桌和折疊椅。在聲音和音樂方面，如果是產品展覽會，主辦單位通常會禁止或告知「在不對四周造成困擾的範圍內……」，但**如果主辦單位允許，一定要有音效（當然要先確認權利關係）**。有和沒有，整體呈現會差很多……。

將前面談過的一切全放入小小的空間裡

接著要談產品展覽會的攤位布置的「視覺性刺激」。不過這部分已無新的話題可說。把我們在本書中學到的用色、印刷品、制服、舉止態度、POP、告示板和其他各種眼睛看得到、會瞄到的東西，因應需要全部放入你的攤位中。這就是品牌打造上能做的最大且最重要的攤位呈現。我在第228頁介紹過在商店裡呈現品牌世界觀的獨立區域，**也就是「店中店」的概念，誠然就是那種感覺，在產品展覽會中為你的產品打造一個「店中店」。那就是品牌打造對產品展覽會應當有的思維**。右頁的照片是總部設在新潟縣三條市的〈AUX〉。作為一家廚具用品公司，〈AUX〉參加過眾多的產品展覽會、展示會和活動，每一次的展示都全力以赴。那氣勢帶動整個業界不斷前進。

AUX HOTEL
"AUX"
STAFF UNIFORM
SINCE 1946

OUR IDEA
GO TO 11
"AUX"
STAFF UNIFORM
SINCE 1946
新商品
KUSAR INTERNATIONAL CO.,LTD.
抽選会場
OUR IDEA
GO TO ELEVEN

STRATEGY 05

如何打造出色的展場攤位

攤位布置的守、破、離 對產品展覽會上手之後……

前面提到攤位布置要「像店中店那樣」、「刺激人的五感」等，現在就讓各位看看這樣的實例。右頁是前一小節提到的〈AUX〉，不過是在另一場產品展覽會上的畫面。在展示各種各樣的廚具用品方面，他們設定以「咖啡館」作為攤位的重心，幹勁十足地「要讓到場參觀的人誤以為是真的咖啡館」，後來真的成了咖啡館（笑）。由員工在參訪者面前用自家產品款待客人同時展示產品的構想大獲成功。展覽期間工作人員也樂在其中。可說是做到了攤位布置的守、破、離，如果對前面所談的基本原則很熟練了，務必挑戰看看這種充滿玩心的攤位布置。產品展覽會大致都在每年（或隔年）的同一時期舉辦。**如果每次的攤位都是同樣風格，來參觀的人和顧攤位的人可能都會覺得膩……!?所以一旦上手了，就要「用自己也做得開心的構想布置攤位」。**

攤位布置的點子 提出到具體實現

包含上述那種**稍微超前的攤位和一般設計優良的攤位，創意全來自自己的成員。而根據那構想將它實際做出來的是施工業者。**在網路上輸入「展示會 攤位 施工」等的字串搜尋就能找到各種資訊，包括如何挑選業者的竅門。機車安全帽製造商〈DAMMTRAX〉以別出心裁的展場攤位馳名。以下是來自該公司社長的建議。「在挑選施工業者上便宜是其次，重要的是配合度。因為是要共同完成一件『引人入勝』工作的夥伴，所以需要有娛樂家的精神（Showmanship）」。原來如此。他並接著說：「展示會到頭來就是大同小異的產品擺滿整個會場。我認為攤位設計重要的不是『展示產品』，而是『將話語放大描繪出來』。」這是關於產品展覽會的深刻建議，的確很有講究品牌打造的DAMMTRAX的作風。

AUX
vous aide à résoudre vos problèmes

お困りごと
解決カフェ
Okomarigoto Kaiketu Cafe

AUX

IHでおいしい
ごはんが
炊けない…

Ask me about KITCHEN TOOLS
MENU
Cooking Time
6/11 ①13:30~ ②15:00~
IH GOHAN
IH CHUKA
Fried vegetables
pancakes
cook rice

AUX

STRATEGY 06

為他人所不為 即是「戰略」

交換名片＋對顧客緊迫盯人 和其他公司沒兩樣

產品展覽會參展的目的我想每家公司都一樣，就是開拓新客源和發表新產品。連續幾天設置攤位，向到訪參觀的人遞上產品簡介，站著交流互動。日後發e-mail問候，感覺有希望的話便進一步當面拜訪、報價，緊迫盯人，這是一般的模式。**難得如此講究攤位設計，若同樣順著這模式走就可惜了。這時要馬上寄張明信片給交換名片的對象，並附上親筆寫的幾句話。**產品展覽會期間，每天一結束攤位的工作人員就要全員集合，立刻進行。右頁上方就是全員聚在一起寫明信片的照片。那是建造工廠的專家〈Factoria〉首次參加產品展覽會時的畫面。正因為是數位社會，馬上就收到交換名片的對象寄來的明信片更會嚇一跳。一定會留下好印象。使用的明信片當然也要獨家設計。第266頁例子中的明信片就很不錯。順帶告訴各位，〈Factoria〉後來快速成長，並獲得優良設計獎的榮耀。

告示板可變動 看穿人潮變化

第294頁寫到「將本書中學到的全放進攤位中」，我希望那裡面一定要包含像右頁那樣的告示板和畫架。告示板和畫架的話題出現在第8章（第196頁），不過那時只當作店裡擺設的工具介紹。這裡再次提到則要更積極地利用它們。具體來說就是，依時段單獨拿著告示板站在攤位前。就像是單面的三明治人。這在產品展覽會上很有效。這麼說是因為展覽會會場內的人潮會隨著時段變化。一直放在攤位前不動的告示板和畫架很可能被忽略掉。但在我的經驗中，**像這樣配合人潮拿著告示板並主動與路過的人攀談，對攤位感興趣的人確實會增多。**可以說，就是判讀風向調整船帆角度那樣的感覺。

可比平時早下班的展覽會期間去喝一杯吧？在那之前要一起寫明信片！

不要放著不動，依時段拿著告示板，把客人引來攤位

STRATEGY

第 13 章

作為品牌打造一環的
進軍海外和公司的未來

For Better Branding

STRATEGY 01

以品牌打造為契機 展開全球布局

進軍海外的基本 走出日本的產品展覽會

一心致力打造產品的品牌，卻只瞄準未來日益衰微的日本國內市場太可惜。現在這時代內需有限，最好一開始就把目標放在海外市場。要帶著這股氣勢把投入品牌打造的成本和精力拿回來！在進軍海外之際，一般會在想進入的市場當地尋覓代理商，代理販售。要尋覓代理商最簡單的做法就是參展產品展覽會。如果沒把握全部獨力完成的話，可以向JETRO（日本貿易振興機構）或專門協助參展的顧問公司請教。發現當地優良的代理商後，是要簽約讓對方專營該國的銷售業務，或是設定數家代理讓他們自由競爭？諸如此類就是戰略的選擇。如第260頁中談到的，視產品而定，也可以直接省去這個過程，建立讓全世界零售商直接從貴公司批售網站進貨的制度，要透過亞馬遜直接送達全世界的使用者手中也行。

「全球布局」對 招聘策略也有幫助

品牌打造是企業經營之鑰，但同時，中小企業尤其不能不在意的是「人才招聘」。在我的實務經驗上，年輕世代根本不會考慮「顯然已萎縮的公司和業界」。畢竟誰都不想要為未來提心吊膽。因此中小企業要對外建立「我們正布局全球／要布局全球」的印象才不吃虧。打進海外市場不是為了營業額，也是為了確保未來的人才。在很短的時間內將〈八天堂〉奶油麵包擴展到日本各地的大阪公司〈TREASURE ISLAND〉還經營有多種日本甜點，但從某一天之後，他們便決定將這些甜點銷售到海外。如右頁的照片，連總公司的內裝也煥然一新。這是無言且強烈的訊息「我們是世界級公司」。從此，優秀的國際型人才接二連三聚攏過來。

將進軍海外納入考慮，嶄新的公司內部陳設

因為要打造產品的品牌，公司本身也進行品牌打造。並充分將它運用於人才招聘和進軍海外市場的TREASURE ISLAND。

STRATEGY 02

一開始就著眼於海外發展的產品品牌打造

從產品推出時便著眼海外市場的結果

我與歐美的創業家聊天時，對方提到：「日本的公司都只考慮在國內販售。我們則是一開始就打算行銷全世界」。以往靠著充足的內需才能走到現在的日本。儘管不能再安於現狀，但企業的態度依然是「如果對方主動邀約，我們也會考慮」，很被動。倘若硬要攻這一塊，就要在本書前面所談的品牌打造中加入「一開始就著眼進軍海外」這項要素。我在右頁也舉出實例，**近來即使是國內產品，一開始就加入其他語言介紹的確實逐漸增多。假使我們在設計產品包裝時也採納這樣的做法，不覺得進軍海外的時間會提前嗎？**這和第8章談過的媒體戰略相同。新聞稿的發送名單要多多加入包含英文報紙，「用日語以外的語言發行的國內媒體」。只要產品的報導能吸引往來世界各地的人士注意，離拓展海外市場就更近一步。

外國觀光客和旅日外國人也是「市場」

現在有260萬的外國人居住在日本。不同於短期到外地打工，決定永久居留的朋友也愈來愈多。此外，在我執筆寫作本書之時，外國觀光客的人數每年有3100萬人。然而他們卻說，日本的日用雜貨、食材，或是常見的甜點、藥品，「沒有標示英文，很不方便購買」。如此國際化的日本社會，開發產品的一方卻無法順應改變，這就是現狀。**260萬人＋3100萬人是很大的市場。「未考慮進軍海外」的人光是著眼於這一塊國內市場，就足以在全球化市場走下去。**我們回頭來談人物誌，就算不把外國人設為第一，也要設為第二、第三的目標客群，這樣的話，因為其他公司沒做就可以做出區隔。就結果來看，「全球布局」這樣的視角隱藏著創造差異的可能性。

仔細看會發現，〈田宮（TAMIYA）〉的模型包裝盒上同時標註相當詳盡的英文說明

隨著外國遊客增加，伴手禮上同時標註英、日文的情況也增多

大眾熟悉的〈蜜妮（Bioré）〉。以為是英文標示，仔細一看，原來是日文（笑）

希望納入考慮的外國觀光客市場和旅居日本的外國人市場。不必全文翻譯，只譯重點即可。最好也有中文和韓文翻譯。

STRATEGY 03

外國人的肯定會使產品的價值提升

獲藍眼珠肯定＝在日本的價值提升

品牌打造是要讓產品顯得更加高檔。作為達到那目的的捷徑之一，進軍海外尤其有效。正確來說，不只是要賣到海外，而且要在當地獲得好評才行……。更進一步地說，在國內販售時要極盡所能地利用海外獲得的肯定來打造品牌。即藉此讓產品看起來更高檔的策略。我很反對身為亞洲一員的日本輕視其他亞洲夥伴，不過考量到消費者的心理，這時必須是歐美人士的肯定才有效果。也就是說，「充分利用藍眼珠的肯定提升產品的價值」。比方說，二世谷（北海道）和小布施（長野）是近年品牌力大增的觀光勝地，兩者都是因為有藍眼珠的肯定才能有這樣的結果。若舉產品的例子，就是〈MR.waffle〉。任職比利時大使館的職員將它評為「完全就是本國列日市的鬆餅！」，這傳聞起了加分作用因而大受歡迎。目前在日本首都圈持續展店，已有10家以上的店鋪。

在日本和在海外的地位差距

我常在講座上說：「如果對街頭充斥的品牌毫不感興趣，那麼自家產品的品牌打造也不樂觀。」連平時在購買機能飲料時都會思考：「〈力保美達D〉和〈紅牛〉在概念和人物誌上有何不同？」的話，肯定會加速對品牌打造的理解。出國旅行時也是一樣。比如，在日本的電子產品販售店裡被堆在手推車上拍賣的牌子，只是搭2個小時的飛機飛到韓國立刻升級。甚至被列為擺在玻璃櫃裡，是得把店員找來才能借來欣賞的品牌。實在有意思。假使你在國內市場正為了擺脫賤價銷售苦惱的話，這一小節會讓你靈光一閃：「原來有這一招」。進軍海外市場是可與代理店合作，以不同於國內的方式展現產品的機會。由於日本品牌本身即具有物超所值感，不進軍海外豈不可惜!?

利用外國人的肯定提升品牌力

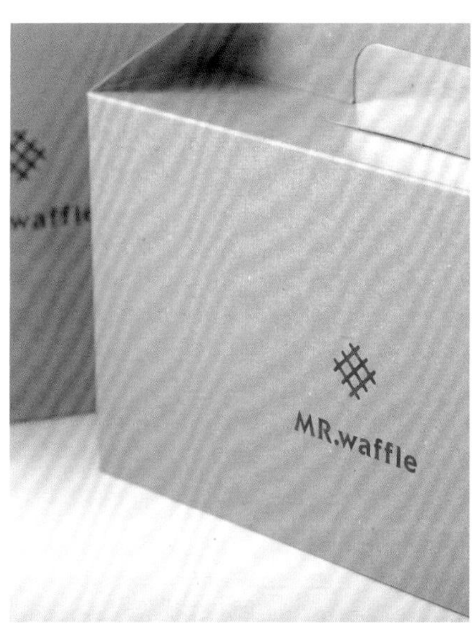

住在日本的比利時人，尤其是大使館職員高度好評的〈MR.waffle〉

〈雷神巧克力〉深受亞洲各國的觀光客喜愛，進而提高在日本人心中的存在感

〈鬼塚（Onitsuka）〉獲得歐洲年輕人肯定。在電影《追殺比爾》登場也對增添價值有很大貢獻

很受歐洲都會區騎士喜愛的〈DAMMTRAX〉

STRATEGY 04

拓展全球市場 也會面臨相應的風險

權利、仿冒、平行進出口…… 種種艱險的海外進軍

我也要簡單談一下國際商務的風險。關於財務和保險的部分交給專業書籍，我只談幾點有關品牌打造的部分。比方說，命名。假使輸出地的市場已有與你的產品名稱相似的產品，有時會遭受「太過雷同」、「消費者會混淆」等來自該公司的壓力。日本人的想法往往會認為只要不是同樣的產品就沒有問題，但尤其在歐美國家，可不是如此。也可以說，這差異即是歐美國家十分重視品牌打造的證據。仿冒的風險也是，一旦走上國際舞台風險便升高。商店、產品展覽會即使禁止拍照也防不勝防。這時就要在輸出國「盡早完成品牌打造，確立品牌」。不過，「即使很早聯繫也遲遲不做決定」是日本人做生意為人詬病之處。我也常聽到當地的代理商感嘆：「日本方面很晚做決定，被仿冒的公司搶先一著……」，事實上有些情況我們的反應速度已構成危險……。

清除風險 成為世界級公司

進軍海外市場，立刻不得不面對的是「平行輸入業者」。如果你在當地國有選定代理商並簽訂契約，原則上產品的銷售便全權委託對方。因為有這樣的約定，代理商才會投入金錢和氣力努力在那個市場打造品牌，擴大銷路。然而，這時會遇到被稱為「水貨商」的人或公司，他們無視正規管道平行輸入產品進行販售。察覺他們動向的代理商會立刻聯絡你：「有人走私水貨。你要想想辦法」。水貨客自私的行徑的確很可能毀了代理商日復一日在當地打造品牌的努力。因此，處理水貨確實是國際商務中一大品牌打造工作。另外還有許多其他的風險。進軍海外帶有「進攻」的印象，不過與律師共同努力「防守」也極為重要。

假如你有意進軍海外

在想進入的地區尋找能提供協助的專家（BPO供應商）。

何謂BPO供應商？

BPO是Business Process Outsourcing的簡稱。意指在進入海外市場中協助辦理公司設立登記、申辦簽證、會計、稅務、薪資計算、社會保險等手續的專業人士，即具有專業證照、提供專業服務的人。

如何尋找？

- ●大型銀行或地方銀行的諮詢窗口
- ●都道府縣的海外進出諮詢窗口
- ●JETRO或中小機構等的諮詢窗口
- ●右側的入口網站

參考

海外進出、海外商務支援平台

Digima～出島～
https://www.digima-japan.com

日本企業海外進出支援網

Yappan號
https://www.yappango.com

卓佳日本（Tricor Japan）／公關　濱岸昭江先生

進軍海外市場時常會看到聘請當地國的日本人顧問，並將事務部門的業務直接全權交由當地懂日語的工作人員負責的情形。多數要進入的市場為亞洲新興國家，法規經常變更，要掌握狀況並不容易。若是被指違反規定，不只在該國和日本，還可能要接受遵照歐美標準的嚴重處罰。本公司根據過去服務超過1,000家日本企業海外子公司的經驗，製作以往未有明確定義的BPO供應商選定檢查清單，並加以公開。

BPO供應商檢查清單（截取部分內容）

□有說明其經驗、專業知識？（提供執業年資、實績、專業機構的認證情形等）
□有可能明確說明公司成立經過、經營群的個人檔案等？
□有無公司管理方面的說明？
□過去不曾有過重大的違規、違法行為？
□過去在與顧客的契約方面有過重大的違約行為？
□供應商及業務負責人員擁有執行業務上適當的證照？
□ISO27001等有關資訊安全管理方面已獲得有關機關的認證／核准？
□工作人員受過執行業務上適當的資訊安全訓練？
□聘用工作人員時會進行適性方面的背景檢查？

tricor
協力：卓佳集團
https://tricor.co.jp/

STRATEGY 05

現在要打造品牌 不妨向台灣學習

世界工廠保不住？走出OEM自創品牌！

「品牌打造風氣很盛，可供借鑑的國家是？」要是採訪中被問到這個問題，以前的我多半會問答瑞士或英國。當然，商業發展先進的美國也很出色，而在德國、義大利、法國，連鄉下小鎮的工坊，打造品牌的意識很也高。不過，近年最熱中品牌打造的是台灣。在此之前台灣一直被稱為「世界工廠」，製造業採代工生產（OEM）模式。出貨時會印上包括日本品牌在內的世界各國廠商的LOGO再輸出。不過，現在〈捷安特（GIANT）〉自行車不做OEM，而以自己的名字成為名副其實的業界第一大廠，朝世界自行車愛好者嚮往的品牌邁進。並在日本國內各地設立品牌專賣店，將品牌的世界觀直接送達使用者。〈宏碁（ACER）〉和〈華碩（ASUS）〉電腦也是這樣的例子。「用自己的名字走上世界舞台」，現在台灣的企業最能給予我這股經營的勇氣。

創業首日便開始打造品牌 台灣的創業情況

我以啟蒙為目的舉辦中小企業的品牌戰略演講，事後收到不少朋友反映「真希望早一點知道」、「現在開始會不會太遲？」。在日本，品牌戰略往往被理解為設計上的「局部戰略」。歐美國家則以「若要創業，第一天起就當思考的『整體經營戰略』」看待它，認為它是使商業經營取得中長期成功不可或缺的戰略。台灣現在也是同樣的看法⋯⋯。右頁是台灣的小公司製作的產品。我在前面談了非常多對產品照片和包裝要特別在意的點，台灣的創業家們很自然地就達到這樣的水準。順便提一下，中間那張照片是台灣人的家鄉味食品——用茶葉滷製成的雞蛋「茶葉蛋」，其產品名稱是〈所長茶葉蛋〉。其緣起是以前有位警察會在當時服務的派出所煮茶葉蛋，故事性也十足！

Classic SalmonFloss
Classic SailfishFloss
Classic SailfishFloss
Classic SalmonFloss

卵
台南新化
老味道，新靈魂
卵
台南新化
老味道，新靈魂

STRATEGY 06

產品品牌打造的終點 培育公司的粉絲！

走進世界是對策 將公司打造成品牌也是對策

很遺憾，國內市場被預測今後規模將縮小……。所以我建議中小企業也要趁著打造產品品牌的機會「走進世界」，即便再小的公司也要有這樣的腹案。以〈本田（HONDA）〉為首的眾多偉大的日本品牌，在以前語言、通訊、交通都遠比現在不方便的時代裡，遠渡重洋進行無國界的競賽。我強烈期盼能看到同樣令舉世瘋狂的「日本品牌」誕生。作為品牌戰略的專家，我一直相信那開端總是起於中小企業的產品品牌打造。不過我還想對產品品牌打造的結果提出另一點建議，「要培育公司的粉絲，不是產品的粉絲」。商業的壽命正一年年地縮短。要在快速轉動的時代「靠單一產品吃一輩子」原本就不可能……。在這樣的時代裡必須要具備的想法是「打造企業品牌（Corporate Branding）」。

喜愛「公司」而非產品 這是最強的求生術

「品牌打造＝創造粉絲」，因此企業品牌打造等於是在為公司培養「不只是顧客的粉絲」。公司有自己的忠實顧客，意謂著今後不論何時推出怎樣的產品，都有一群人引頸期盼著。假設一項產品的品牌打造很成功，大為暢銷，但商業的生活形態如此快速，你很可能不得不將一個又一個的新產品投入市場，這時公司若沒有自己的忠實顧客就會很吃力……。推出產品時每次都得從零開拓客源可是很危險的……。只要有一次失手，可能就會動搖公司。所以我要建議各位，產品品牌打造之後接下來要進行「公司的品牌打造」。「培育公司的粉絲」是現在這時代有效的求生術之一。它對人才聘用也有幫助，所以是一石二鳥。沒有不做的選項。

最終要做的是公司的品牌打造

如果公司
有自己的粉絲……

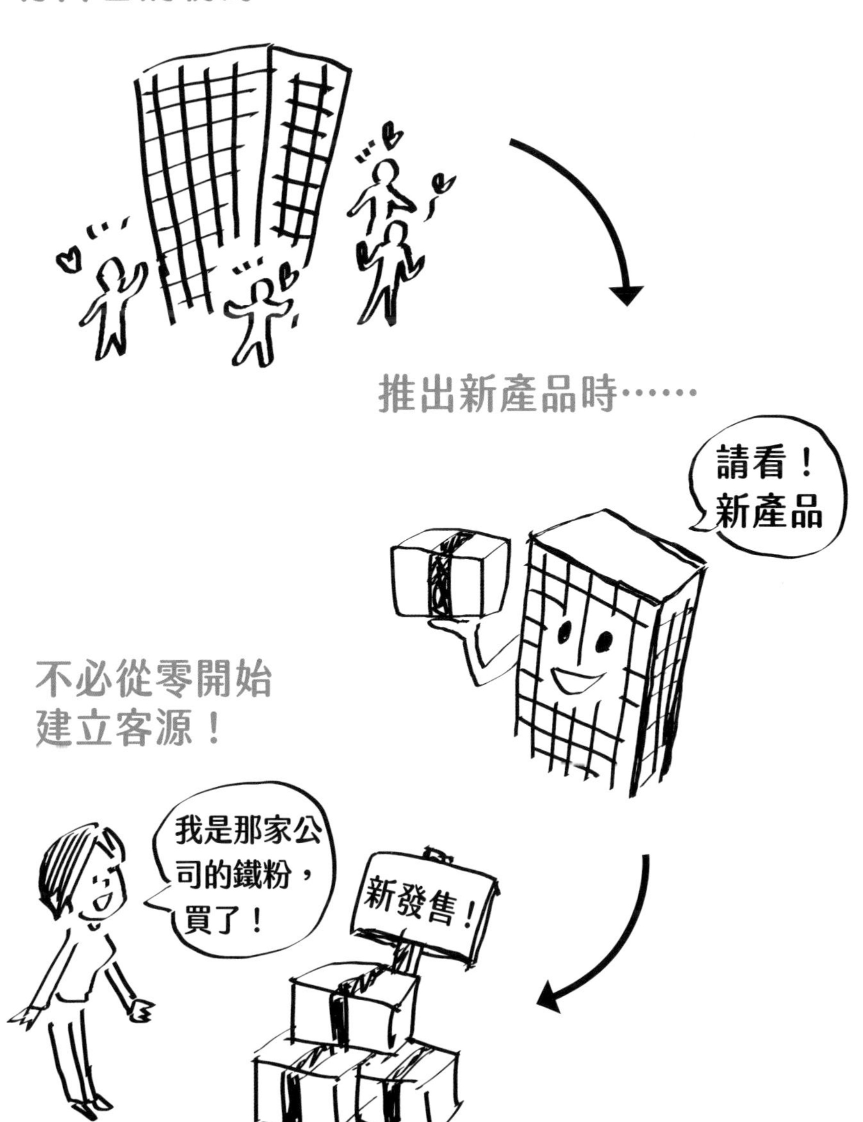

STRATEGY 07

你個人對品牌打造的定義是？

完全不使用「品牌打造」的品牌打造

「品牌打造」一詞非常好用。一旦經常把它掛在嘴上，經營者便會有種走在別人前頭的感覺，員工也覺得自己正在做高層次的事。設計師或顧問也有把它提出來就會受歡迎的心態。可是，「品牌打造」的定義因人而異，並不固定。其目的和優點也視公司而定，會因時間和情況而改變。因此**我認為最優秀的計畫是「完全不提『品牌打造』地進行品牌打造」**。雖然現在才說，但這對集合公司內外的人員組成團隊的你而言非常重要。下次進行品牌打造的計畫時，請務必研究看看。如果要換一種說法，品牌打造是什麼？這句話若是自己從經驗中得出，且能讓聽的人剎時心領神會那是最好。順便告訴各位，我……。

有自己的定義證明你徹底掌握了它

……順便告訴各位，**我在實務現場會告訴參與計畫的人，產品的品牌打造就是「企業對社會大眾所進行的與產品有關的極致溝通」**。這本書的開頭也這樣寫道。但確實是如此。比起一直講「品牌打造」而導致發生異常的摩擦和混亂，告訴相關人員「研擬比以往更高明的產品溝通策略吧！因為這是個一切事物都難以傳達的時代」，更能讓計畫快速推進。**而作為高明溝通的一環提到設計、照片、文句、社群網站時也比較容易拿到預算**。假使你這時是說：「為了品牌打造……」，上面的人不理解就可能回你：「那種東西有必要嗎？」（笑）。從我的經驗值來說，就是這麼回事。沒錯，**品牌打造正是經驗值非常管用的技術。我也是像這樣將失敗和巧思慢慢轉變成一門技術。所以讓我們累積大量品牌打造的經驗吧**。不論公、私，不分大、小，什麼都試著打造品牌。過程中肯定會想出，用你獨特的表達方式表現「品牌打造是什麼？」的句子。從某個角度來說，那就是你徹底掌握了品牌打造的瞬間。

我真心期望那樣的時刻會降臨每一位讀者。

感謝各位陪我到最後。但願產品品牌打造能成為你的公司和員工的武器！

STRATEGY

終　章

各章共同指出的
其實就是「接觸點」

For Better Branding

STRATEGY

01

「接觸點」掌握了產品品牌打造的關鍵

溫習所有與產品印象有關的「接點」

本書的主題涵蓋很廣。從命名和品牌主張談起，一直到包裝、印刷品、照片、制服和舉止態度。還談到用色、設計和現代社會不可不提的網站相關話題，以及社群網站上的文章和影像。其餘部分請看右頁。簡單說來，這些在書中不過是溫習重點，可是就品牌打造的角度，它們稱作**「接觸點（contact point）」。意思就和字面一樣，即「產品（或公司）和顧客的接點」。要說接點為什麼重要？因為顧客會從這一類大、中、小的接點接收到「產品的印象（形象）」**。若要再細說，不僅產品包裝的顏色、LOGO的設計，連產品上了什麼樣的雜誌，對顧客來說都是接觸點。顧客眼睛所見的世界全部「與產品有關的」，那就是接觸點。

透過接觸點在人的腦中建立品牌

顧客對產品抱持的印象並非僅來自如包裝之類的「單一接觸點」。而是從販賣的店家、陳列、POP或海報接收到複合式的印象。另外，如前面提到的，還有產品登上的雜誌……。雜誌的等級、類別，無論如何就是會影響顧客對產品的印象。換句話說，接觸點也有可能是間接的。可是，**當這些複合式的＋直接＆間接的產品印象就這樣在顧客的腦中逐漸堆積，你的產品便慢慢在那人心中建立起「品牌」**。沒錯，品牌是在人的腦中形成。它不是存在於眼前之物，也無法給予，而是極度心理層面的東西。**它只存在於人的腦中**。因此，**所有與產品有關的工作人員都要理解接觸點的概念**。這是最後的最後很重要的一點。

再次溫習第27頁的清單！
形塑產品形象的源頭

銷售現場

- □陳列
- □展示器具
- □POP廣告（含立架）
- □海報和摺頁
- □廣告詞
- □銷售人員和接待客人
- □制服
- □販售點和公司本身

……及其他

網路方面

- □網站首頁（HP）
- □SNS（SNS的種類）
- □HP、SNS上的照片和文章
- □HP、SNS的更新頻率
- □簡訊客服
- □上傳和回信的時段
- □網路廣告
- □URL和e-mail位址

……及其他

媒體方面

- □以報導形式登上雜誌、報紙版面
- □電視、廣播等的介紹
- □登廣告的場所、媒體
- □幫忙推薦的人（名人）
- □產品使用者的SNS
- □使用者的產品短評
- □網路上的廣告和報導
- □部落格和SNS的頁首

……及其他

印刷品等

- □手冊、摺頁
- □海報、傳單
- □產品的包裝
- □公司用車的設計
- □店面的POP等
- □名片和信封等
- □推銷時的簡報資料
- □印刷品的紙質和色調

……及其他

有關人的方面

- □電話應對
- □簡訊應對
- □工作人員的裝扮、外表
- □工作人員的舉止態度
- □工作人員的措詞
- □發布訊息時的遣詞用字
- □廣告和印刷品中的模特兒
- □產品的使用者自身

……及其他

其他

- □公司用車的設計
- □公司、工廠的所在地
- □網站等處社長的話
- □產品的主色調、用色
- □產品的LOGO和命名
- □產品的故事
- □各種協力廠商
- □廣告贈品類

……及其他

上面記載的是顧客接收到產品形象的地方。產品品牌打造活動即是透過這些地方進行綜合式溝通。

STRATEGY 02

片段式印象的集大成 即是「品牌」的真面目

以一貫的形象發送訊息 建立品牌的機制

接觸點的概念，意思就是要透過這些接點將產品的形象發送出去。可是，相信各位已經注意到了，不僅是這樣而已。**重點是要「透過接觸點對外發送產品一貫的形象」。〈紅牛〉是個簡單易懂的例子。**它的廣告、印刷品、使用的音樂、主辦的體育活動和贊助的選手等等，無不令人腎上腺素全開且具有一貫的形象——總會散發出街頭文化、極限運動的氣味。這一貫性正是〈紅牛〉可以在很短的時間內建構起機能飲料品牌的原因之一。因此，我們身為產品的賣方、製造者，如果想要打造品牌，一定要每天透過與顧客的接觸點發送一貫的形象才行。而且**那一貫的形象必須全部基於「產品概念」**。

持續發送凌亂的訊息 無法形成一致的形象

如右頁所示，消費者每天透過接觸點接收產品的印象。你所發出的片段印象一旦在消費者的腦中凝聚成塊，那就是品牌。**「品牌就是片段式印象的集大成」，這就是品牌的真面目。發送出的訊息要在消費者腦中凝聚成塊，不能缺少一貫性。**接收到的印象每次不一樣的話，產品的形象便無法在腦中成形。此外，我真正想藉由這本書告訴大家的是，**「產品概念確定之後，所有一切表現、訊息的發送都得統一，好讓消費者能領會產品的概念」**。我將執筆寫作本書的同時創立的調味品新品牌當作個案進行研究。採購香料的部分另計，含包裝設計和顧問費在內，合計成本大約100萬圓。到推出上市為止，花費期間半年，是由某肉鋪老闆的太太創立的副業。供各位參考。

以一貫的形象發送訊息

對外發送的產品形象凌亂不一時……

產品發出的形象不一致的話

消費者的腦中無法建立出品牌

對外發送的產品形象具有一貫性時……

這些片段訊息會在消費者的腦中凝聚

也就是品牌建立完成！

BRANDING MESSAGE

為產品建立品牌也會對業界整體做出貢獻

開頭的鯖魚罐頭
促使業界前進一步

本書從已成為品牌的鯖魚罐頭開始談起。岩手縣的鯖魚罐頭工廠推出一款前所未有、漂亮的鯖魚罐頭，瞬間擴散到全日本各地，這正是**品牌打造賦予產品力量，製造「消費者主動上門購買」這種狀態的優良案例**。我想廠方在推出以往不曾有的鯖魚罐頭上，肯定經歷過種種糾葛和戰鬥。但他們勇敢地創建「時尚罐頭」這樣的新品類，不僅讓自家的顧客人數增長，也對鯖魚罐頭業界整體的顧客人數成長做出貢獻。豈止如此，如右頁上方的照片所示，現在其他公司也急起直追並超越〈Ça va？〉，推出包裝時尚的鯖魚罐頭。這麼一來，含設計在內的品牌戰略在鯖魚罐頭界成為理所當然是遲早的事。換句話說，〈Ça va？〉很帥氣地促使業界往前跨了一步。

帶動整個業界前進的動力
就是品牌打造

……正是如此。**你成了地區或業界的先驅者，努力打造產品品牌，就結果來看，將是促使地區或業界進化的契機**。我稱它為「貢獻業界」。一旦你所打造的品牌大受歡迎，來到稱得上成功的階段，總是會有其他公司立刻追趕上來，於是市場上充斥概念相近的產品。但請絕對不要為此發怒。**假使業界其他公司也了解到品牌打造的重要性，推出很酷的產品引起世人關注，這對業界整體是可喜的事。從此之後再繼續互相切磋琢磨**。順帶告訴各位，〈Ça va？〉挾著那傳遍全日本的品牌名稱和品牌實力，現正橫向發展新產品。如右頁下方的照片所示，他們開始販售同品牌的義大利麵醬等產品。〈Ça va？〉已有不只是顧客的粉絲。我想回頭客應該不少。

TOMINAGA
SABA
Mackerel in Olive Oil
さば オリーブオイル漬け
エクストラバージンオリーブオイル100%使用
38
La Cantine
ラ・カンティーヌ
ワインに
フレンチ・マリアージュ
ノルウェー産 鯖フィレ
エクストラバージンオイル漬
La Cantine
ラ・カンティーヌ

Ça va?
サヴァ缶とレモンバジルのパスタソース
LEMON BASIL
Ça va?
調理例

有別於以往的團隊
有別於以往的行動

最後一頁了，謝謝各位陪著我走到這裡，萬分感謝。我在文中反覆提醒「與和過去不一樣的業者……」、「在過去長期往來的業者以外……」。**產品品牌打造不只是推出新產品，而是要把一個具有震撼性的產品推到社會上。開發時不能不謹記著要改變以往的做法和想法**。因此，我認為毅然決然換掉以往合作的印刷業者、設計師、包裝業者、網站設計公司等的勇氣也很重要。我決不是在批評貴公司現在合作的廠商的工作表現。光用嘴巴說很容易，所以我也以完全不同於過去10多本書的團隊合作進行本書的製作。結果就像這樣，做出以往所沒有的獨特編排。

衷心向本書的製作團隊
致上感謝和敬意

我要以感謝結束這本書。要感謝為這本編排獨特的書投注熱情和才幹的製作團隊。首先是編輯中尾淳先生、圖書代理商糸井浩先生……。我打心底感謝兩人的團隊合作和每次愉快的開會討論。我想這次的設計、版面配置和插畫負擔出奇的重。對於初見弘一先生、萩原睦先生、遠藤大輔先生、前原正廣先生、後藤薰女士及其他諸位，一聲謝謝實在不夠。我要向各位了不起的工作表現致上最高的敬意。另外，掌管一切，負責管理時間和製作的祕書原三由紀女士，說她是本書的共同作者並不為過，我非常感謝她令人讚嘆的工作表現。此外，攝影相澤涼太先生、各種設計毛利祐規先生、網站相關設計平泉優加先生，以及提供協助的萩原珠女士，與各位共同度過的這段漫長時光，我一生難忘。還要感謝包括在案例中登場的客戶在內的全世界所有企業，以及我的父母。本書裡也有許多長年在本公司擔任顧問表現傑出的粉奈健太郎的工作成果。這是最後一次，我要對即將離開Starbrand的他說：Ken，謝謝你帶給我許多回憶。雖然難過，但我們下一個舞台再見！

村尾隆介

品牌打造、品牌戰略的專家。Starbrand的共同經營者。日經BP綜合研究所客座研究員。以Starbrand負責人身分為了專案在日本全國各地奔波。是掀起中小企業品牌戰略熱潮、首屈一指的品牌打造專家。14歲時隻身赴美。美國內華達州立大學文理學院政治學系畢業後，進入本田技研工業（HONDA），在通用事業本部負責中東、北非地區的行銷與業務工作。離職後自行創業，經營食品進口買賣。之後將公司出售，轉任現職。為了將自身成功的經驗提供給眾多公司與商店而創立的「Starbrand株式會社」，是「品牌戰略」領域的龍頭企業，從北海道到沖繩擁有眾多的客戶。

著有《小さな会社のブランド戰略》（PHP研究所）、《My Credo》（合著，KANKI出版）、《小公司大品牌：不花成本、打造獨特、擺脫賤賣的終極品牌策略》（天下雜誌）、《顧客爽快掏錢術：商品不打折卻賣得好的經營法則》（本事文化）等著作。

KANARAZU SEIKANITUNAGARU "SHOHIN BRANDING" JISSENKOZA

品牌創造

從概念設計到行銷宣傳，全方位打造熱銷品牌

2020年11月1日初版第一刷發行
2023年 5 月1日初版第四刷發行

著　　者　村尾隆介
譯　　者　鍾嘉惠
編　　輯　劉皓如
封面設計　水青子
發 行 人　若森稔雄
發 行 所　台灣東販股份有限公司
<地址>台北市南京東路4段130號2F-1
<電話>（02）2577-8878
<傳真>（02）2577-8896
<網址>http://www.tohan.com.tw
郵撥帳號　1405049-4
法律顧問　蕭雄淋律師
總 經 銷　聯合發行股份有限公司
<電話>（02）2917-8022

品牌創造：從概念設計到行銷宣傳，全方位打造熱銷品牌／村尾隆介著；鍾嘉惠譯. -- 初版. -- 臺北市：臺灣東販, 2020.11
326面；14.8×21公分
ISBN 978-986-511-506-7（平裝）
1.品牌 2.行銷策略
496.14　　109014977